LADENBURGER DISKURS

Herausgegeben von J. Mittelstraß

K. Mainzer (Hrsg.)

Natur- und Geisteswissenschaften

Perspektiven und Erfahrungen
mit fachübergreifenden Ausbildungsinhalten

Springer-Verlag Berlin Heidelberg New York
London Paris Tokyo Hong Kong

Reihenherausgeber
Prof. Dr. phil. Jürgen Mittelstraß
Philosophische Fakultät, Universität Konstanz
Universitätsstraße 10, D-7750 Konstanz

Bandherausgeber
Prof. Dr. phil. Klaus Mainzer
Lehrstuhl für Philosophie und Wissenschaftstheorie
Universität Augsburg, Universitätsstraße 10
D-8900 Augsburg

ISBN-13: 978-3-540-52377-2   e-ISBN-13: 978-3-642-95614-0
DOI: 10.1007/978-3-642-95614-0

CIP-Titelaufnahme der Deutschen Bibliothek
Natur- und Geisteswissenschaften: Perspektiven und Erfahrungen mit fachübergreifenden Ausbildungsinhalten/K. Mainzer (Hrsg.)
Berlin; Heidelberg; New York; London; Paris; Tokyo; Hong Kong: Springer, 1990
(Ladenburger Diskurs)

NE: Mainzer, Klaus [Hrsg.]

Dieses Werk ist urheberrechtlich geschützt. Die dadurch begründeten Rechte, insbesondere die der Übersetzung, des Nachdrucks, des Vortrags, der Entnahme von Abbildungen und Tabellen, der Funksendung, der Mikroverfilmung oder der Vervielfältigung auf anderen Wegen und der Speicherung in Datenverarbeitungsanlagen, bleiben, auch bei nur auszugsweiser Verwertung, vorbehalten. Eine Vervielfältigung dieses Werkes oder von Teilen dieses Werkes ist auch im Einzelfall nur in den Grenzen der gesetzlichen Bestimmungen des Urheberrechtsgesetzes der Bundesrepublik Deutschland vom 9. September 1965 in der jeweils geltenden Fassung zulässig. Sie ist grundsätzlich vergütungspflichtig. Zuwiderhandlungen unterliegen den Strafbestimmungen des Urheberrechtsgesetzes.

© Springer-Verlag Berlin Heidelberg 1990

Gesamtherstellung: Ernst Kieser GmbH, 8902 Neusäß

2125/3140-5 4 3 2 1 0 – Gedruckt auf säurefreiem Papier

Vorwort

Die Probleme, die mit der modernen Technologie-, Industrie- und Gesellschaftsentwicklung aufgeworfen werden, lassen sich in den Wissenschaftsgrenzen von gestern nicht lösen. Umwelt- und Energieprobleme, aber auch Gen- und Informationstechnologie stehen als Beispiele drängender und zugleich fachübergreifender Problemkreise. Die Natur ist längst kein ausschließliches Thema der Naturwissenschaften. In die heutige Diskussion über Natur-, Umwelt- und Artenschutz fließen sozial- und geisteswissenschaftliche Aspekte gleichermaßen mit ein. Und was den Geist betrifft, so haben es Naturwissenschaftler sicher immer schon merkwürdig gefunden, daß ihn die Kollegen der geisteswissenschaftlichen Fakultät für sich reklamiert haben. Dabei ist die neuzeitliche Geistes- und Kulturgeschichte ohne Naturwissenschaften nicht denkbar.

Natur-, Geistes- und Sozialwissenschaften sind daher zu neuen fachübergreifenden Kooperationsformen der Forschung und Lehre aufgerufen. Wie lassen sie sich in der Hochschulausbildung vermitteln? Wieviel Geisteswissenschaften benötigt ein Naturwissenschaftler? Wieviel naturwissenschaftliche Kenntnis benötigt ein Geisteswissenschaftler – und zwar mit Blick auf die bereits eng bemessenen Ausbildungspläne in den einzelnen Fächern?

Am 23./24. Juni 1989 wurden diese Fragen im Rahmen des „Ladenburger Diskurses" der Gottlieb Daimler- und Karl Benz-Stiftung diskutiert. Der hier vorgelegte Band enthält neben den Vorträgen, die den Diskussionen zugrunde gelegen haben, auch schriftlich ausgearbeitete Voten einzelner Teilnehmer.

Der erste Teil beschäftigt sich mit *"Grundsätzen eines fachübergreifenden Ausbildungs- und Bildungsbegriffs"*. Nach einer Einführung in die Diskursthematik (Klaus Mainzer) formuliert Wolfgang Wild „Anmerkungen zu einem zeitgemäßen Bildungsbegriff". Als ehemaliger Staatsminister für Wissenschaft und Kunst verfügt Wild über institutionelle Erfahrungen im Umgang mit dem Tagungsthema. Als Physiker berücksichtigt er den fachübergreifenden Dialog von Natur- und Geisteswissenschaften.

Im zweiten Teil *"Erfahrungen mit fachübergreifenden Ausbildungsinhalten von Natur- und Geisteswissenschaften"* werden Ausbildungsmodelle der ETH Zürich und der Universitäten Basel und Augsburg vorgestellt. Ulrich Müller-Herold (ETH Zürich) erläutert als Chemiker und Mediziner einen neuen fachübergreifenden Studiengang mit einem neuen Berufsbild („Umweltnaturwissenschaft"). Jochen Brüning (Universität Augsburg) berichtet als Mathematiker über Erfahrungen mit einem Forschungszentrum an der Universität Augsburg, an dem auf dem Hintergrund der großen historischen Augsburger Bibliotheken Kulturgeschichte und naturwissenschaftliche Ausbildung verbunden werden. Werner Arber, Nobelpreisträger für Biochemie und ehemaliger Rektor der Universität Basel, trägt das auf ihn zurückgehende Konzept transdisziplinärer Vorlesungen an seiner Universität vor. Die anschließenden Voten von Jürgen Audretsch (Physik/Universität Konstanz), Josef Becker (Präsident der Universität Augsburg) und Christoph Rüchardt (Rektor der Universität Freiburg) ergänzen diesen Erfahrungsbericht fachübergreifender Universitätsausbildung in Natur- und Geisteswissenschaften.

Im dritten Teil werden *"Perspektiven für fachübergreifende Ausbildungsinhalte von Natur- und Geisteswissenschaften"* aus der Sicht unterschiedlicher Fachdisziplinen vorgestellt. Den Brückenschlag von der Biologie in die Sozialwissenschaften am Beispiel der Ökonomik trägt Hans Mohr (Universität Freiburg) vor. Aus der Sicht der Psychologie, die Elemente der Natur-, Sozial- und Geisteswissenschaften beinhaltet, erläutert Wolfgang Prinz (Universität Bielefeld) das Verhältnis von Natur- und Geisteswissenschaften. Dieter Groh (Universität Konstanz) argumentiert für fachübergreifende Ausbildungsinhalte von Natur- und Geisteswissenschaften aus der Sicht eines Historikers.

Im letzten Beitrag von Herbert Gassert wird das Tagungsthema aus industrieller Sicht beleuchtet. Daß die Industrie damit das Schlußwort erhält, war weniger als Reminiszenz an den Gastgeber gedacht. Im Freiraum der Universitäten kann man sich schließlich vieles ausdenken. Der „Realitätsschock" kommt in der Regel außerhalb der Universität. Der fachübergreifende Dialog gelingt nämlich nur, wenn er auch institutionen- und gesellschaftsübergreifend geführt wird. Dafür sollte diese Tagung ein Auftakt sein.

Es blieb nicht bei diesem frommen Wunsch. Das von Werner Arber vorgestellte Konzept eines „Zentrums für inter- und transdisziplinäre Lehre" löste in Ladenburg einen synergetischen Effekt aus, denn auch in Augsburg hatte man über die Institutionalisierung solcher Anliegen nachgedacht. Der Schweizer und Augsburger Unternehmer Kurt Bösch tat ein übriges und schaffte die finanziellen und baulichen Voraussetzungen, so daß am 3. November 1989 das genannte interdisziplinäre Zentrum in Sion/Kanton Wallis unter der wissenschaftlichen Betreuung der Universitäten Augsburg, Basel, Bern, Fribourg, Genf und Lausanne gegründet werden konnte.

Die gute Tat in Ladenburg hatte sich fortgesetzt. Nicht nur aus diesem Grund gilt mein Dank der Gottlieb Daimler- und Karl Benz-Stiftung, die den ideellen und organisatorischen Rahmen für die Tagung geboten hatte.

Augsburg, im März 1990 *Klaus Mainzer*

Inhaltsverzeichnis

I. Grundsätze eines fachübergreifenden Ausbildungs- und Bildungsbegriffs

Einführung: Fachübergreifende Ausbildungsinhalte von Natur- und Geisteswissenschaften *(K. Mainzer)* .. 3

Anmerkungen zu einem zeitgemäßen Bildungsbegriff *(W. Wild)* 10

II. Erfahrungen mit fachübergreifenden Ausbildungsinhalten von Natur- und Geisteswissenschaften

II.1 Modelle 21

Umweltnaturwissenschaften: Erfahrungen mit einem neuen multidisziplinären Studiengang an der ETH Zürich *(U. Müller-Herold)* 21

Kulturgeschichte und naturwissenschaftliche Ausbildung. Erfahrungen und Ausblicke auf ein Forschungszentrum an der Universität Augsburg *(J. Brüning)* 68

Erfahrungen mit transdisziplinären Vorlesungen an der Universität Basel *(W. Arber)* 76

II.2 *Voten* 85

Erfahrungen mit fachübergreifenden
Vortragsreihen *(J. Audretsch)* 85

Erfahrungen mit Stiftungen als Trägern
fachübergreifender Forschung und Lehre
(J. Becker) 89

Erfahrungen mit fachübergreifender Lehre
im Studium generale *(C. Rüchardt)* 90

III. Perspektiven für fachübergreifende Ausbildungsinhalte von Natur- und Geisteswissenschaften

Biologie und Ökonomik –
Chancen für eine Interdisziplinarität *(H. Mohr)* ... 95

Einige Bemerkungen zum Verhältnis
zwischen den sogenannten Geisteswissenschaften
und den sogenannten Naturwissenschaften
aus der Perspektive der Psychologie *(W. Prinz)* ... 105

Fachübergreifende Ausbildungsinhalte
von Natur- und Geisteswissenschaften aus der Sicht
eines Historikers *(D. Groh)* 110

Fachübergreifende Ausbildungsinhalte
von Natur- und Geisteswissenschaften
ausindustriellerSicht *(H.Gassert)*. . . . . . .?AF27. 117

**Verzeichnis der Diskussionsteilnehmer
und der Autorenadressen** 121

Zum Ladenburger Diskurs 123

I. Grundsätze eines fachübergreifenden Ausbildungs- und Bildungsbegriffs

Einführung: Fachübergreifende Ausbildungsinhalte von Natur- und Geisteswissenschaften

K. Mainzer

Den Globus der Wissenschaften umspannt heute ein kompliziertes Netz von Forschungsdisziplinen, deren Grenzen in ständiger Bewegung sind. Eindeutige Abgrenzungen zwischen Natur-, Sozial- und Geisteswissenschaften erscheinen häufig künstlich. Die Definitionen von heute sind morgen schon durch die Wissenschaftsdynamik überholt. Längst hat daher, und das ist für mich der Haupteindruck der bisherigen Ladenburger Diskurse, *forschungs- und bildungspolitische Pragmatik* die Suche nach prinzipiellen Disziplingrenzen ersetzt.

Die Probleme, die mit der modernen Technologie-, Industrie- und Gesellschaftsentwicklung aufgeworfen werden, tun uns nämlich nicht den Gefallen, in die disziplinären Schubladen der Wissenschaftsgrenzen von gestern zu passen. Umwelt, Energie- und Ernährungsgrundlagen, aber auch Gen- und Informationstechnologie stehen als Beispiele von *vielfältig vernetzten Problemkreisen,* die nicht mehr in den engen Fachgrenzen einzelner Disziplinen gelöst werden können.

Technik-, Natur-, Geistes- und Sozialwissenschaften sind daher zu neuen *fachübergreifenden Kooperationsformen der Forschung und Lehre* aufgerufen, die wir auf dieser Tagung an einigen Beispielen diskutieren wollen. Diese Einsichten sind keineswegs öffentliches Allgemeingut. „Technikfeindlichkeit", „Akzeptanzkrise", „Vertrauensschwund", aber auch „New Age" und „Esoterik" sind die Symptome eines nicht mehr zeitgemäßen Bildungsbegriffs, der den nüchternen und angemessenen Umgang mit Wissenschaft und Technik noch nicht gefunden hat.

Vernetzung und *Komplexität* der Probleme sind nun keineswegs vom Himmel gefallen, sondern, das zeigt die historische Reflektion, charakteristisch für die neuzeitliche Wissenschafts- und Gesellschaftsentwicklung. Der *Geschichte,* so meine ich, kommt daher eine erhebliche Rolle bei der Vermittlung fachübergreifender Bildungsinhalte zu. Wer

die historischen Hintergründe nicht kennt, doktert nur an den unverstandenen Krankheitssymptomen der Gegenwart herum.
Wenn wir uns zunächst die Entwicklung der neuzeitlichen Naturwissenschaften ansehen, so ist der Trend zu einer *Vereinheitlichung der Disziplinen* und ihrer Grundgesetze ebenso unübersehbar wie das Anwachsen einer Informationsflut von Detailkenntnissen. Dieser Trend beginnt bereits mit Newton, der die Kräfte von Keplers Himmelsmechanik und die Kräfte von Galileis Erdphysik auf dieselbe Grundkraft, die Gravitation, zurückführte. Im 19. Jahrhundert zeigen Faraday und Maxwell, daß Magnetismus und Elektrizität nur zwei verschiedene Erscheinungen derselben elektromagnetischen Grundkraft sind. In der modernen Hochenergiephysik versucht man, die weiteren bekannten physikalischen Kräfte aus dem subatomaren Bereich auf eine gemeinsame Grundkraft zurückzuführen. In diesem Sinn ist eine „*Einheit der Physik*", wie sie bereits Planck und Heisenberg vorgeschwebt hatte, durchaus absehbar.
Aber auch *Chemie* und *Biologie* wachsen mit der Physik immer stärker zusammen. Man denke nur an die moderne Quantenchemie, die den Aufbau von Molekülen aus quantenmechanischen Grundsätzen ableitet. Schließlich kommen Biochemie und Biophysik hinzu, in denen die Bausteine des Lebens (Makromoleküle) und Organismen auf biochemischer und physikalischer Grundlage behandelt werden.
Wissenschaftstheoretisch entsteht so ein Bild hierarchisch geordneter Strukturen der Natur von den subelementaren Teilchen über Atome und Moleküle bis zu Organismen und Populationen der Biologie. Unter solchen Voraussetzungen sind auch die modernen Ansätze zu verstehen, die Untersuchungen von biologischen auf *sozialwissenschaftliche Systeme* zu erweitern, um so die Grenzen naturwissenschaftlicher Methoden hinauszuschieben. Soziale Systeme lassen sich nämlich unter bestimmten Nebenbedingungen wie lebende biologische Systeme als komplexe, dynamische und offene Systeme betrachten, die ihre Tendenz des Zerfalls durch dauernden Stoff-, Energie- und Informationsaustausch mit ihrer Umwelt kompensieren. Neue Ordnungszustände von solchen offenen Systemen entstehen dadurch, daß bestimmte äußere Systemparameter (z. B. Temperatur, Energie-, Informationszufuhr) geändert werden, bis der alte Zustand instabil wird und in einen neuen Zustand umschlägt (,Phasenübergang'). Bei kritischen Werten entstehen spontan makroskopische Ordnungsstrukturen, die sich durch kollektive (,synergetische') Kooperation mikroskopischer Systemteilchen selbst organisieren.

Diese Art der Selbstorganisation erweist sich nach allem, was wir heute wissen, als eine Gesetzmäßigkeit, die in der physikalischen, chemischen und biologischen Evolution anzutreffen ist. Das Entstehen von z. B. Laserlicht, Gesteinsformationen, Wolken, Organismen oder Tierpopulationen läßt sich so beschreiben. Mathematisch werden diese physikalischen, chemischen und biologischen Beispiele von Selbstorganisationen komplexer Systeme durch sog. ‚nicht-lineare' Evolutions- bzw. Populationsgleichungen erfaßt. Die Nicht-Linearität bringt mathematisch die komplexen Wechselwirkungen der Systemteilchen zum Ausdruck, bei deren Berechnung man sehr schnell an die Berechenbarkeitsgrenzen heutiger Computer stößt.

Die Anwendung dieser nichtlinearen mathematischen Modelle beschränkt sich mittlerweile nicht nur auf die physikalische und biologische Evolution, sondern greift auf die Sozialwissenschaften über. Bei kritischer Beachtung jeweiliger Nebenbedingungen bieten sich fachübergreifende Untersuchungen an. So wird bereits nichtlineares Verhalten von Produktion und Konsum in volkswirtschaftlichen Modellen untersucht. Daß Fluktuationen im Kleinen sich einerseits zu Wachstumsschüben im Großen selber organisieren können (z. B. bei technischen Innovationen), andererseits aber zu chaotischem unkontrollierbarem Verhalten aufschaukeln können (z. B. Börsenkrach), ist unsere alltägliche Erfahrung. Kein Laplacescher Geist, kein ‚homo oeconomicus' lenkt in diesen Modellen auf wunderbare Weise die Geschicke, sondern die Gesetzmäßigkeit der Selbstorganisation.

Wohlgemerkt, das sind, wissenschaftstheoretisch gesehen, Modelle unter bestimmten Nebenbedingungen – aber mit teilweise frappierender Nähe zur alltäglichen Erfahrung. Daß auch die politische Realität solche Prozesse kennt, erleben wir tagtäglich. In der Sprache der nichtlinearen Theorie geht es darum herauszufinden, wie weit ein konkretes politisches System sich in die Nähe von Innovationsschüben, aber auch von Instabilitäten bewegen kann. Droht das Abgleiten in ein Chaos, so wird die Prognostizierbarkeit seines zukünftigen Verhaltens unmöglich. Dabei müssen wir berücksichtigen, daß die mathematische Theorie des Chaos und der Selbstorganisation immer noch von sehr vereinfachten Annahmen (z. B. deterministischen Gleichungen) ausgeht.

Um die fachübergreifende Anwendungsbreite der Theorie komplexer dynamischer Systeme zu zeigen, sei auch an die moderne Neuroinformatik erinnert, die Gehirnfunktionen in künstliche neuronale Netze als Grundlage neuronaler Biocomputer übersetzt. Lernprozesse werden als Selbstorganisationsprozesse komplexer neuronaler Netzwerke verstanden (‚Konnektionismus'), die vom Paradigma traditioneller programmgesteuerter Digitalcomputer, in denen jeder Schritt geplant und nacheinander ausgeführt werden muß, zu unterscheiden sind. Unter diesen theoretischen Rahmenbedingungen sieht es so aus, als könnte die *Hierarchie der Fächer* von der Physik, Quantenchemie, Chemie, Biochemie, Biologie über die Ökologie und Evolutionstheorie bis hin zu Soziologie, Ökonomie und Psychologie fortgesetzt werden, deren untersuchte Systeme sich durch Grade wachsender Komplexität auszeichnen. Ich erwähne das deshalb so ausführlich, um daran zu erinnern, daß *„ganzheitliche"* und fachübergreifende Betrachtungsweisen komplexer Problemzusammenhänge keineswegs im Gegensatz zu naturwissenschaftlichen Methoden stehen, sondern von ihr selber geradezu heute gefordert werden.

Die Suche nach den großen Zusammenhängen hat deshalb Konjunktur, da jedermann deutlich wird: Alles auf diesem Planeten einschließlich unserer eigenen Existenz hängt mit allem zusammen – unsere Lebenseinstellung mit unserem Konsumverhalten, mit der Wirtschaft, dem Recht, der Umwelt, Technik und Naturwissenschaft. Man spricht von ganzheitlich-ökologischem Denken, in dem natur-, sozial- und geisteswissenschaftliche Perspektiven gleichermaßen mit eingehen. Alle Gegensätze zwischen einer *„ökologisch-ganzheitlichen"* und *„atomistischen-mechanistischen"* Betrachtungsweise der Naturwissenschaften, wie sie etwa in der New-Age-Ecke oder von manchen Öko-Philosophen konstruiert werden, gehen allerdings historisch und systematisch an der Sache vorbei.

Weder die physikalische Welt, noch unsere alltägliche Lebenswelt ist ein programmgesteuerter Digitalcomputer, in dem jeder Schritt von uns plan- und prognostizierbar wäre. Diese Einsicht entlastet uns einerseits von einem ungeheuren Systemdruck und eröffnet ein „Reich der Freiheit". Andererseits mögen entsprechende Modelle anregen, Maßnahmen und Strategien zu überlegen, die synergetische Innovationseffekte fördern und chaotisches Verhalten möglichst fernhalten.

Eine solche Absicht ist zugegebenermaßen anspruchsvoll. Aber die Theorie sagt uns ja auch, daß in einem Meer von Chaos und Unordnung Bedingungen geschaffen werden können, die wenigstens lokal zu neuen Ordnungsmustern führen. Kreativität und Innovation sind gefordert. Und wer möchte nicht angesichts weltweit drohender Bevölkerungs-, Klima- und Umweltkatastrophen auf diese Chance einer Rationalität setzen, die sich ihrer Grenzen wohl bewußt ist.

Die Theorie komplexer dynamischer Systeme wurde hier deshalb so ausführlich angesprochen, um Möglichkeiten fachübergreifender Untersuchungen aus der Sicht der Naturwissenschaften wenigstens an einem konkreten Beispiel anzudeuten. Andererseits sind Naturwissenschaften und Technologie Ergebnisse sozialer und kultureller Entwicklungen, wie die Diskussionen um *Wissenschaftstheorie* und *Wissenschaftsgeschichte* seit den 60iger Jahren gezeigt haben. Die durch Kuhn, Lakatos u. a. ausgelöste wissenschaftstheoretische Diskussion läßt sich geradezu als Historisierung, Psychologisierung und Soziologisierung der Naturwissenschaften verstehen. Die Grenzüberschreitung findet also ebenso von den Sozial- und Geisteswissenschaften auf die Natur- und Technikwissenschaften statt. Wissenschaft und Technik wären dann im Sinne *Max Webers* die Produkte zweckrationalen Handelns, und zwar konkret von Wissenschaftlern und Wissenschaftlergruppen, die in Institutionen der Forschung, Ausbildung, Industrie, Verwaltung und Politik um Werte wie Wahrheit, Zweckmäßigkeit, Ansehen, Macht usw. streiten.

Aus der Hierarchie der Fächer wird nun also ein *Netz von sozial-, kultur-, technik- und naturwissenschaftlichen Disziplinen,* die in vielfältiger Weise aufeinander ein- und rückwirken. Welche Perspektive jeweils gewählt werden sollte, ob von den Sozial- und Kultur- auf die Natur- und Technikwissenschaften oder umgekehrt, hängt von der jeweiligen Aufgabenstellung bzw. dem Kontext ab. Ein einseitiger Reduktionismus wäre jedenfalls wenig hilfreich. Im Sinne von *Niels Bohr* könnte man besser von *komplementären Ansätzen* sprechen, die aufeinander angewiesen sind.

Speziell an die *Geisteswissenschaften* richtet sich die gesellschaftliche Erwartungshaltung, Ziel-, Sinn- und Wertvorstellungen für unsere Problemlösungen vermitteln zu können. Die Geisteswissenschaften können allerdings heute weder einen fertigen Wertekatalog liefern, noch sollten sie zu Akzeptanzgehilfen des technisch-wissenschaftlichen Fortschritts degradiert werden. Sie beschränken sich auch nicht auf literarisch-künstlerische Kompensationsfunktionen für fortschrittsgeschädigte Zeitgenossen. Sie gehen auch nicht auf in Sozial- oder Naturwissenschaften im Sinne einer wissenschaftstheoretischen Konvergenztheorie. Das derzeit aktuelle politische Bild vom gemeinsamen europäischen Haus, in dem jeder ein eigenes Profil trotz übergreifender Interessen behält, das „*föderative Prinzip*" also (wie man in Bayern sagen würde) scheint mir auch für die Wissenschaften durchaus angebracht.

Wie die Ladenburger Diskurse bisher gezeigt haben, besteht eine zentrale Aufgabe der Geisteswissenschaften sicher darin, so etwas wie „*Urteilskraft*" zu vermitteln, d. h. die Fähigkeit, den Einzelfall des Problems im Gesamtkontext eines Problemzusammenhangs zu erken-

nen. Dabei sind die Geistes-, Natur- und Sozialwissenschaften allerdings auf ihr jeweiliges Expertenwissen angewiesen. Weder Geistes- noch Natur- oder Sozialwissenschaften können also für sich allein eine Leitfunktion bei der Handlungsorientierung übernehmen. Solche Überforderungen der Vernunft endeten historisch immer in Sackgassen. Ein „Streit der Fakultäten", wie ihn noch Kant im 18. Jahrhundert führte, würde uns wahrlich in einen Naturzustand der Wissenschaften zurückwerfen, der die Konstitution der Universität sprengt. Unser Wissen und unser Sollen sind heute in der technisch-wissenschaftlichen Welt zu komplex und voneinander abhängig geworden, als daß eine Disziplin die platonische Königsrolle oder besser Königinnenrolle übernehmen könnte. Die *Komplexität der Probleme* hat uns auch in der Wissenschaft zu Bürgern gemacht. Die Einheit der Wissenschaft in der Universität besteht also in der Vielheit komplementärer Fakultäts- und Wissenschaftsperspektiven. Gleichwohl bleibt die fachübergreifende Orientierung als gemeinsame Aufgabe gestellt. Wie lassen sich diese Perspektiven fachübergreifend in der Hochschulausbildung vermitteln? *Wieviel Geisteswissenschaft benötigt ein Naturwissenschaftler? Wieviel naturwissenschaftliche Kenntnis benötigt ein Geisteswissenschaftler* – und zwar mit Blick auf die bereits eng bemessenen Ausbildungspläne in den einzelnen Fächern?
Die kurrikularen und institutionellen Vorstellungen reichen mittlerweile von neuen fachübergreifenden Ausbildungsgängen mit neuen Berufsbildern (z. B. ‚Umweltnaturwissenschaft') bis zu den klassischen natur- bzw. geisteswissenschaftlichen Studiengängen mit ihren klassischen Berufszielen, die durch jeweils kulturhistorische und sozialwissenschaftliche bzw. naturwissenschaftliche Studienanteile ergänzt werden. Allerdings erfordern kurrikulare Verfestigungen genaue Prüfungen und eine gesunde Skepsis im Umgang mit dem Zeitgeist, der gerne modebewußt jeweils neuesten Trends nachjagt, sich selber schnell überholt und sich daher als unzuverlässiger Partner erweisen kann. Jedenfalls sollten die traditionellen Bildungsformen der Universität wie das Studium generale oder die fachübergreifende Ringvorlesung nicht kurzsichtig aufgegeben werden, da sie, davon zeugen die Voten im 2. Teil, noch heute ihren Zweck erfüllen.
Die Philosophie hat in ihrer über zweieinhalb Jahrtausende alten überlieferten Geschichte viele Ausbildungsformen kommen und gehen sehen, die der jeweils historischen Lebenswelt angepaßt waren. Unabhängig von der jeweiligen historischen Ausformung hieß das Bildungsideal der Philosophie immer Besinnung auf das Ganze und die Einheit unseres Wissens von der Welt. „Urteilskraft" war die entsprechende

Forderung der Aufklärung. Seit ihren vorsokratischen Anfängen kristallisierte sich dieser Gedanke als Kern einer Philosophia Perennis heraus, die daher gelassen auf einen neuerlichen Eifer von Technik-, Natur-, Sozial- und Geisteswissenschaften blicken kann, wer denn wohl die führende Disziplin des 21. Jahrtausends werden soll. Philosophie geht in diesen historischen und sich ständig verändernden Organisationsformen unseres Wissens nicht auf. Die Idee eines philosophischen Zentrums, in dem die Wissenschaften wie seit den Tagen der ‚Schule von Athen' ihre Grundlagen und Ziele unter den jeweiligen Zeit- und Lebensbedingungen reflektieren können, bleibt daher als Korrektur und Kompaß ein Erfordernis der Zeit.

Literatur

Mainzer K (1988) Symmetrien der Natur. Ein Handbuch zur Natur- und Wissenschaftsphilosophie. De Gruyter, Berlin New York

Mainzer K (1988) Zukunftsperspektiven im Verhältnis von Geistes- und Naturwissenschaften. In: Ebbes. Zeitschrift für das Bayerische Schwaben vom Ries bis ins Allgäu. Jahrgang 11. Heft 5. Oktober/November 1989, S 18–20

Sund H, Mainzer K (Hrsg) (1989) Wird die Wissenschaft unüberschaubar? Das disziplinäre System der Wissenschaft und die Aufgabe der Wissenschaftspolitik. Konstanzer Blätter für Hochschulfragen 98–99. Jahrgang XXVI, Heft 1–2 Januar 1989

Anmerkungen
zu einem zeitgemäßen Bildungsbegriff

W. Wild

Im Jahre 1802 hielt der junge Schelling in Jena „Vorlesungen über die Methode des akademischen Studiums". Er sagte damals:
> Dem, der sich der Wissenschaft weiht, ist es vergönnt, die Erfahrung sich vorauszunehmen und das, was doch am Ende einziges Resultat des durchgebildetsten und erfahrungsreichsten Lebens sein kann, gleich unmittelbar und an sich selbst zu erkennen.

Zu jener Zeit war man davon überzeugt, daß die Philosophie einen Königsweg zum Verständnis der Welt eröffne. In der Hegelschen Philosophie verkörpert sich das hellste Bewußtsein der damaligen Zeit; diese Philosophie beanspruchte, einen endgültigen Abschluß aller Welterkenntnis darzustellen. Und in der Tat vereinigte sie die Erkenntnisse ihrer Zeit in einem System von imponierender Folgerichtigkeit.
Auf einem solchen Fundament ließ sich denn auch eine überzeugende Theorie der Bildung errichten, die durch die Reformen Wilhelm von Humboldts Eingang in die Praxis der Universität und des Humanistischen Gymnasiums fand. Es ist uns heute nicht mehr gegenwärtig, in welchem Maße der auf die idealistische Ideenphilosophie ausgerichtete Bildungsbegriff des Neuhumanismus auch als geistige Bewältigung der realen Welt galt und gelten durfte. Die philosophischen Systeme des deutschen Idealismus bemühten sich durchaus um eine Deutung der Wirklichkeit; und insofern war der klassische Bildungsbegriff darum ursprünglich keineswegs ein Rückzug auf innere Werte, er zielte durchaus auf eine praktische Bewältigung der Welt, die nach Kant das „Material unserer Pflicht" ist, der Gegenstand, an dem sich Sittlichkeit beweisen kann und beweisen muß.
Was aber ist von dieser Konzeption heute noch lebendig?
Unserer Zeit ist es nicht mehr möglich, eine alle Erscheinungen des Wirklichen überwölbende Synthese im Sinne Hegels zu schaffen.

Darum kann Bildung heute auch nicht mehr als das Eindringen in die Grundprinzipien einer solchen Synthese verstanden werden.
Im Jahre 1959 hielt C. P. Snow einen Vortrag, der ein ungeheures und weltweites Echo fand: Unsere abendländische Kultur, so war die These, sei in zwei Kulturen zerfallen, die sich nach Wertorientierung, Denkform und Lebenseinstellung fundamental unterschieden und zwischen denen sich eine Kluft des Nichtverstehens aufgetan habe. Zentrum der einen Kultur sei Naturwissenschaft und Technik, Zentrum der anderen Geisteswissenschaft und Literatur. Sehr anschaulich beschreibt Snow den Unterschied von naturwissenschaftlicher und literarischer Intelligenz:

> Wie oft bin ich in größerem Kreise mit Leuten zusammengewesen, die, an den Maßstäben der überkommenen Kultur gemessen, als hochgebildet gelten, und die mit beträchtlichem Genuß ihrem ungläubigen Staunen über die Unbildung der Naturwissenschaftler Ausdruck gaben. Ein- oder zweimal habe ich mich provozieren lassen und die Anwesenden gefragt, wie viele von ihnen mir das zweite Gesetz der Thermodynamik angeben könnten. Man reagierte kühl – man reagierte aber auch negativ. Und doch bedeutete meine Frage auf naturwissenschaftlichem Gebiet etwa dasselbe wie: Haben Sie etwas von Shakespeare gelesen?

Snow, der als Physiker und Romancier ein Wanderer zwischen den Welten war, macht den Gebildeten der literarisch-geisteswissenschaftlichen Kultur den Vorwurf:

> Man stellt sich hier gern immer noch so, als wäre die überlieferte Kultur die ganze ‚Kultur‘, als gäbe es das Reich der Natur gar nicht. Als wäre die Erforschung seiner Ordnung weder um ihrer selbst willen noch ihrer Folgen wegen interessant. Als wäre das wissenschaftliche Gebäude der physikalischen Welt in seiner geistigen Tiefe, Komplexität und Gliederung nicht die schönste und wunderbarste Gemeinschaftsleistung des menschlichen Geistes. Von diesem Gebäude haben die meisten Menschen, die nicht Naturwissenschaftler sind, überhaupt keine Vorstellung. Selbst wenn sie gerne eine Vorstellung davon hätten, so können sie sie doch nicht haben. Es ist ungefähr, als wäre eine ganze Gruppe von Menschen ohne musikalisches Gehör – ohne Antenne für einen unabsehbaren Erfahrungsbereich.

Die Folge dieses Defizits ist nach Snow selbstverschuldete geistige Verarmung. Und diese geistige Verarmung ist in beiden Kulturen zu finden, denn auch die Naturwissenschaftler bezahlen ihre Verachtung der literarischen Bildung mit einem schwach ausgebildeten Einfühlungsvermögen, mit unterentwickelter Sensibilität.
Die von C. P. Snow beobachtete und beschriebene Spaltung unserer Kultur in zwei Teilkulturen, eine naturwissenschaftlich-technische und eine geisteswissenschaftlich-literarische, die einander verständnislos

und mißtrauisch gegenüberstehen, dürfte kaum zu bestreiten sein. C. P. Snow hat die Gegensätze der beiden Kulturen zwar sicherlich übertrieben, und er hat auch verschwiegen, daß es nicht wenige Brücken gibt, die über die Kluft hinwegführen, aber daß eine solche Kluft tatsächlich existiert, scheint mir keine Fiktion, sondern eine Realität zu sein. Und darin liegt eine große Gefahr. Wenn es nicht gelingt, das Nebeneinander der beiden Kulturen in ein Miteinander zu verwandeln, dann könnte aus wechselseitigem Unverständnis unverhohlene Feindseligkeit werden. Die Auseinandersetzungen um Kernenergie und Gentechnologie vermitteln einen Vorgeschmack dessen, was uns da ins Haus stehen könnte, denn sie entspringen gegensätzlichen Wertorientierungen und Lebenseinstellungen, die auf das engste mit der unterschiedlichen Weltsicht der Natur- und Geisteswissenschaften verbunden sind.
Die Überwindung der Dichotomie der zwei Kulturen scheint mir nun das zentrale Problem zu sein, das sich bei der Konzeption eines zeitgemäßen Bildungsbegriffes stellt.
Wenn man dem Begriff der Bildung nicht jede gestaltende Kraft für unser Dasein, nicht jede Relevanz für die moderne Wirklichkeit rauben will, dann darf man ihn nicht auf die Kulturwissenschaften einengen. Wenn aber den Sozial- und insbesondere den Naturwissenschaften in einer zeitgemäßen Bildungskonzeption eine wesentliche Rolle zufallen soll und muß, worin besteht dann konkret deren Bildungswert?
Meiner Meinung nach liegt dieser Bildungswert nicht so sehr in den Ergebnissen und Resultaten naturwissenschaftlicher Forschung. Die naturwissenschaftlichen Gesetze formulieren nur Relationen zwischen beobachtbaren Größen, sie sagen über das Wesen dieser Größen nichts aus. Und selbst die Relationsgesetze sind offen, sie sind beschränkt auf spezifische Gültigkeitsbereiche und erheben nicht den Anspruch, letzte Strukturen des Kosmos zu offenbaren, dasjenige, was nach Faust „die Welt im Innersten zusammenhält". Die Naturwissenschaft gibt keine Antwort auf die Frage nach dem letzten Warum, nach ihr ist alles so, wie es ist, und ihre Aufgabe sieht sie darin, dieses Wie exakt zu erfassen.
Einen gewissen Bildungswert naturwissenschaftlicher Ergebnisse könnte man vielleicht darin sehen, daß viele Phänomene unserer technisierten Welt ihre Dämonie verlieren, wenn man ihre Konstruktionsprinzipien durchschaut. Wer wirklich etwas von Kernphysik versteht, wird beim Thema Kernenergie gegenüber allen Verharmlosungen, aber auch allen Übertreibungen immun sein und einen kühlen Kopf

behalten. Freilich muß man schon recht tief in die Materie eingedrungen sein, um sich angesichts der komplexen Zivilisationsprodukte wie der Meister und nicht wie der Zauberlehrling zu fühlen.
Den Bildungswert naturwissenschaftlicher Ergebnisse sollte man also durchaus skeptisch beurteilen. Ganz anders aber steht es um den Bildungswert, der in der Beherrschung naturwissenschaftlicher Methoden liegt. Die intensive Beschäftigung mit naturwissenschaftlichen Problemen entwickelt eine Gesinnung, die dem Menschen hilft, in unserer modernen Welt sinnvoll und verantwortungsbewußt zu handeln.
Was sind die Elemente dieser Gesinnung?
Hier wäre zunächst die Achtung vor den Fakten zu nennen. Die Beschäftigung mit den Naturwissenschaften erzieht dazu, sowenig wie möglich durch die Brille vorgefaßter Meinungen zu sehen. „Sag nicht, es muß so sein, sondern sieh nach, ob es so ist" (Ludwig Wittgenstein). Als Naturwissenschaftler wird man Fakten, die dem eigenen Konzept widersprechen, nicht um des Konzeptes willen ignorieren, sondern man wird die eigenen Vorstellungen den Fakten entsprechend revidieren. Unbedingte Prinzipientreue ist im Licht naturwissenschaftlicher Gesinnung kein Verdienst, sondern eine Untugend.
Sodann erzieht naturwissenschaftliches Denken zu konstruktiver Kritik. Alle Aussagen, besonders aber die eigenen, müssen ständig auf ihre Stichhaltigkeit überprüft werden. Weiterhin ist alles zu vermeiden, was der Forderung nach maximaler Präzision der Aussage widerspricht. Zu dieser Präzision gehört auch ein waches Bewußtsein für den Gültigkeitsbereich einer Behauptung. Der Naturwissenschaftler wird also erzogen, immer die Grenzen seiner Erkenntnis vor Augen zu haben. Und als Wichtigstes: Bei allem Respekt vor der Kritik, volles Prestige hat diese nur, wenn sie zugleich konstruktiv ist, wenn man etwas Besseres an die Stelle des Überholten setzen kann. Denn der Wert einer naturwissenschaftlichen Theorie liegt vor allem in der Prognose, in der richtigen Vorhersage noch unbekannter Fakten, in der zuverlässigen Anleitung technischer Gestaltung.
Wenn man die Gesinnung, zu der die Beschäftigung mit Naturwissenschaft erzieht, zusammenfassend charakterisieren soll, so könnte man sie eine kritisch-rationale und zugleich induktive Gesinnung nennen. Ihr Zentrum ist nicht ein abgeschlossenes Weltbild, sondern ein begrenzter Bereich des zuverlässig Erkannten, kritisch immer wieder Durchdachten und an der Erfahrung Erprobten. Dieser Bereich ist offen, seine Erweiterung ist dem Menschen als Aufgabe gesetzt. Die Erweiterung erfolgt dabei mit den bewährten Methoden, die den bereits beherrschten Bereich erschlossen haben.

Ich persönlich glaube, daß diese rational-kritische und induktive Gesinnung geeignet ist, unsere geistigen Bedürfnisse zu speisen, und daß sie uns zugleich die Maximen für ein verantwortungsbewußtes Verhalten in der technischen Zivilisation an die Hand gibt. Genau das aber sind doch die Forderungen, die an eine legitime Bildungskonzeption zu stellen sind. Bildung muß die Talente des Menschen zur Entfaltung bringen, sie muß geistige Bedürfnisse wecken und stimulieren. Sie muß uns aber zugleich die Fähigkeit vermitteln, in der realen Welt sinnvoll und verantwortungsbewußt zu handeln. Wir müssen durch den Bildungsprozeß Einsicht in die Folgen unseres Tuns gewinnen. Die edelste und lauterste Gesinnung ist wertlos, wenn sie uns zu Handlungen verleitet, deren Folgen unserem ursprünglichen Wollen zuwiderlaufen. Bildung muß deshalb realitätsnah sein, sie darf sich nicht aus der Welt in ein Wolkenkuckucksheim „höherer" Ideale zurückziehen.

So viel zum Beitrag der Naturwissenschaften zu einer zeitgemäßen Bildungskonzeption. Wie aber steht es um den Brückenschlag zwischen Natur- und Kulturwissenschaften?

Im Mittelpunkt naturwissenschaftlicher Betrachtungen steht heute die Untersuchung hochkomplexer Systeme. Wir untersuchen beispielsweise Selbstorganisationsprozesse in unbelebter Materie ebenso wie in lebenden Organismen. Die Synergetik, die Lehre vom Zusammenwirken, hat große Fortschritte gemacht; wir wissen heute, daß der Methode, im Naturgeschehen Teilaspekte zu isolieren und getrennt vom Rest zu untersuchen, recht enge Grenzen gesetzt sind. In den komplexen Systemen, die heute im Mittelpunkt naturwissenschaftlichen Interesses stehen, ist das Ganze mehr als die Summe seiner Teile.

Mit der Betonung des Systemaspekts wird der Brückenbau von den Natur- zu den Geisteswissenschaften erleichtert. Dies sieht auch ein Geisteswissenschaftler, wie der Münchner Theologe Pannenberg so. Er schreibt in seinem Buch „Wissenschaftstheorie und Theologie":

> Der im Selbstverständnis der Geisteswissenschaften entscheidende Gesichtspunkt für ihre Sonderstellung gegenüber den Naturwissenschaften ist ... seit Dilthey, die Sinnthematik menschlicher Erfahrung, die Tatsache sinnhaften Handelns wie auch des Erlebens von sinnhaften, bedeutsamen Gehalten. Da das Erleben von Sinn und Bedeutung sowohl objektiv wie subjektiv die Würdigung des einzelnen Phänomens im Zusammenhang des zugehörigen Ganzen erfordert, ist hier eine Ganzheitsbetrachtung nötig, die durch kausalanalytische Beschreibung nicht ersetzbar ist.

Mit der Betonung des Systemaspekts haben aber auch die Naturwissenschaften ganzheitliche Betrachtungsweisen in den Mittelpunkt ihres Interesses gerückt. Deshalb meint Pannenberg:

Die Einführung des Systembegriffs und damit verbundene kybernetische Betrachtungen können also die isolierte Zuordnung der Sinnproblematik zu den geisteswissenschaftlichen Disziplinen korrigieren und die Bedeutung der hermeneutischen Grundbegriffe von Teil und Ganzem durch Zuordnung zu den Problemen der allgemeinen Systemtheorie klären. ... Es erscheint also nicht aussichtslos, die „geisteswissenschaftliche" Isolierung der Sinnthematik von naturwissenschaftlichen Verfahren zu überwinden.

Was aber ist die spezifische Rolle der Kultur- und Geisteswissenschaften in der modernen Welt, was können sie zu einem zeitgemäßen Bildungsbegriff beisteuern?
Odo Marquard hat im Jahre 1985 einen brillanten Vortrag zum Thema „Über die Unvermeidlichkeit der Geisteswissenschaften" gehalten. Darin hat er die These vertreten:
„Je moderner die moderne Welt wird, desto unvermeidlicher werden die Geisteswissenschaften."
Odo Marquard glaubt nicht an das Ende des naturwissenschaftlichen Zeitalters, sondern hält es für wahrscheinlich, daß die bisher vorherrschende Tendenz auch in Zukunft anhält, daß die moderne Welt noch moderner wird, aber er meint, daß diese moderne Welt zur Kompensation ihrer Defizite dringend der Geisteswissenschaften bedarf.

Die Geisteswissenschaften helfen den Traditionen, damit die Menschen die Modernisierungen aushalten können: sie sind ... nicht modernisierungsfeindlich, sondern – als Kompensation der Modernisierungsschäden – gerade modernisierungsermöglichend.

Nach Marquard kompensieren die Geisteswissenschaften Modernisierungsschäden, indem sie erzählen: Sensibilisierungsgeschichten, die einen lebensweltlichen „Farbigkeitsbedarf", Bewahrungsgeschichten, die einen lebensweltlichen „Vertrautheitsbedarf" und Orientierungsgeschichten, die einen lebensweltlichen „Sinnbedarf" erfüllen sollen.
Die Beschränkung der Geisteswissenschaften auf eine Kompensationsrolle hat leidenschaftlichen Widerspruch hervorgerufen. Man hat – und wie ich meine auch zu Recht – darauf hingewiesen, daß man sich nicht fatalistisch mit den vermeintlichen Sachzwängen des Modernisierungsprozesses abfinden dürfe. Die Aufgabe der Geisteswissenschaften sei es nicht so sehr, dadurch „modernisierungsermöglichend" zu sein, daß sie Defizite des Modernisierungsprozesses kompensieren, sie sollten vielmehr – „dem Zeitgeist trotzend", wie Max Horkheimer sagte – solche Defizite kritisch aufzeigen und ins allgemeine Bewußtsein rücken und sie sollten versuchen, Normen vernünftigen Handelns zu begründen. Der Konstanzer Philosoph Jürgen Mittelstraß hat dazu gesagt:

> Moderne Gesellschaften haben nicht nur eine *technische* Form, sie haben auch eine *kulturelle* Form. In den Geisteswissenschaften unterziehen sich moderne Gesellschaften der Anstrengung, sich ihrer kulturellen Form zu vergewissern. ... Die technische Vernunft sagt, was moderne Gesellschaften *können;* die geisteswissenschaftliche Vernunft sagt, was moderne Gesellschaften *sind.* ... Im *Nachdenken* und *Vorausdenken* liegt die eigentliche Kraft der Geisteswissenschaften."

Freilich sind es nicht die Geisteswissenschaften allein, denen die Aufgabe zufällt, Orientierungshilfen zu geben. Mittelstraß sagt zu Recht:

> Was wir brauchen, sind Wissenschaften, die neben ihrer Rolle als Produktionsfaktor auch wieder eine Rolle als Orientierungsfaktor im Leben moderner Kulturen spielen. Um das zu leisten, müssen sich alle Wissenschaften – nicht nur Philosophie und Geschichte, sondern auch Physik und Ökonomie – wieder als integraler Bestandteil einer rationalen Kultur begreifen.

Wie kann der Staat durch eine entsprechende Gestaltung des Schul- und Hochschulwesens dazu beitragen, daß der Brückenschlag zwischen der naturwissenschaftlich-technischen und der geisteswissenschaftlich-literarischen Kultur, der so dringend zu wünschen, ja für eine gedeihliche Entwicklung der Gesellschaft geradezu unverzichtbar ist, auch wirklich gelingt?
Verordnen kann der Staat die Synthese von Natur- und Kulturwissenschaft ganz sicher nicht. Er kann allerdings versuchen, diese Synthese zu stimulieren und das auf mehrerlei Weise.
So kann und soll der Staat – und das scheint mir besonders wichtig! – in der Gestaltung des Schulwesens dafür sorgen, daß junge Menschen sich möglichst lange sowohl mit naturwissenschaftlichen als auch mit geisteswissenschaftlichen Problemen auseinandersetzen müssen. Die Abwahlmöglichkeit ganzer Fächergruppen, die die Kollegstufenreform ermöglicht hat, war ein Irrweg. Im Gymnasium sollte Mathematik, Deutsch, Geschichte, eine Fremdsprache und ein naturwissenschaftliches Fach bis zum Abitur obligatorisch sein und im Abitur geprüft werden; das Prüfungsergebnis in all diesen fünf Fächern sollte signifikant in die Gesamtnote der Reifeprüfung eingehen.
Sollte man dann auch an den Hochschulen eine umfassende Bildung durch die Wiederbelebung des Studium generale fördern?
Ich glaube nicht, daß dies der richtige Weg wäre; ein in das Hauptfach nicht sinnvoll integriertes Begleitstudium führt nur zu Halbbildung, nicht aber zu wirklicher Kompetenzsteigerung. Was wir brauchen ist nicht ein Studium generale, sondern ein Studium integrale. Damit ist gemeint, daß man bei der Behandlung eines fachspezifischen Problems auch die Aspekte in die Betrachtung einbezieht, die über das eigene

Fach hinausweisen. Ein Ingenieur sollte z. B. dazu erzogen werden, nicht nur eine gute technische Lösung für ein bestimmtes Problem zu entwickeln, sondern er sollte auch die ökonomischen, ökologischen und sozialen Folgewirkungen einer Problemlösung von Anfang an mitbedenken. Technikfolgenabschätzung sollte ein integraler Bestandteil des Ingenieurstudiums sein; sie sollte nicht zum Tummelfeld von Sozialwissenschaftlern werden, die keinen Einblick in die Möglichkeiten, aber auch die Grenzen des technisch Realisierbaren haben und die zumeist auch gar nicht die Absicht haben, sich einen solchen Einblick zu verschaffen.

Derzeit kommt die Vermittlung von Einsichten in die ökonomischen, ökologischen und sozialen Implikationen von Technik in den natur- und ingenieurwissenschaftlichen Studiengängen noch zu kurz. Die Lehrpläne lassen dafür zu wenig Raum und die Hochschullehrer aus dem technischen Bereich verfügen zumeist auch nicht über die für die Behandlung solcher Fragen erforderliche Kompetenz, während Sozialwissenschaftler fast immer zu wenig von Technik verstehen, um wirksam in ein ingenieurwissenschaftliches Studium integriert werden zu können. Auf der anderen Seite sind die Studenten sehr stark daran interessiert, ökologische und soziale Folgewirkungen technischer Innovationen kennenzulernen und auch die Wirtschaft wünscht sich – im Gegensatz zu einem weitverbreiteten Vorurteil – nicht einen betriebsblinden Fachidioten, sondern einen Mitarbeiter, der ökonomische, ökologische und soziale Probleme erfassen kann und der es versteht, mit Menschen umzugehen. Kritik an der Ingenieurausbildung seitens der Wirtschaft prangert fast immer das Defizit im Außerfachlichen an, während die ingenieurspezifische Fachausbildung zumeist gelobt wird. Ein gangbarer Weg zur Verbesserung der Situation scheint mir darin zu liegen, systemtheoretische Elemente im Hauptstudium stärker zu betonen. Synergetische Effekte, das nichtlineare Zusammenspiel unterschiedlicher Faktoren gewinnen ja auch im Fachstudium immer mehr an Bedeutung. Hier könnte man ansetzen und den Sinn für das Denken in größeren Zusammenhängen stärken, könnte ein „Verknüpfungswissen" vermitteln, mit dem Ziel, ein „Verknüpfungskönnen" zu entwickeln. Die Systemtheorie vermittelt solches Denken in größeren Zusammenhängen in einer Sprache, die der Ingenieur oder Naturwissenschaftler – im Gegensatz zum Soziologendeutsch – versteht und auch zu akzeptieren bereit ist.

Hier möchte ich die Aufzählung staatlicher Aktivitäten, die einen Beitrag zur Synthese von Natur- und Kulturwissenschaften leisten könnten, abbrechen. Worum es bei dieser Synthese vor allem geht, ist eine Ethik der Technik. Die aber kann nicht vom Staat oder irgendeiner anderen Institution postuliert werden, sie muß sich aus einer intensiven geistigen Diskussion entwickeln, die der Staat stimulieren kann, aber nicht lenken darf. Einige Grundzüge, die einer akzeptablen Ethik der Technik eigen sein müssen, scheinen sich schon einigermaßen deutlich herauszustellen. Der Theologe Wilhelm Korff sagt in diesem Zusammenhang:

> Technologischer Fortschritt findet ... nicht schon aus sich heraus seine übergreifende Vernunft. Diese wird vielmehr erst in seiner Bezogenheit auf die menschliche Lebenswelt, genauer mit seiner Einordnung in die humane Zielgestalt dieser Lebenswelt ansichtig: Zur Vernunft der Technik gehört ihre humane Bedeutung ... Der Einsatz erfahrungswissenschaftlicher Erkenntnis und technologischen Könnens muß sich daran bemessen lassen, wie weit er zur Verbesserung menschlicher Daseinschancen und damit zur Entfaltung menschlichen Personseins beiträgt. Die Technik ist der Menschen wegen da und nicht der Mensch der Technik wegen.

Wenn ich abschließend versuche, die Frage „Wer ist gebildet?" zu beantworten, dann könnte meine Antwort etwa so lauten:
Gebildet ist derjenige, der aus Einsicht in die Strukturzusammenhänge der Wirklichkeit deren Sachzwänge berücksichtigt, den verbleibenden Raum freien Handelns aber so nützt, daß das, was er für sich selbst erstrebt, einer maximalen Zahl von Menschen – heute und in der Zukunft – zugute kommt.
Ich verzichte also bewußt darauf, ein Bildungsideal inhaltlich zu bestimmen. Geblieben ist die Verpflichtung, daß das, was wir für wünschenswert halten, auch anderen zuteil werden soll, nicht zuletzt auch zukünftigen Generationen, deren Lebenschancen wir nicht unserem Wohlbefinden aufopfern dürfen. Und geblieben ist auch die Forderung, unsere Fähigkeiten zu schärfen und unsere Einsicht in die Gesetzmäßigkeiten der Wirklichkeit so weit heranzubilden, daß wir die Folgen unseres Tuns mit einiger Zuverlässigkeit abschätzen können. So könnte die Schizophrenie überwunden werden, daß der Mensch von heute eine pragmatische, an die Erfordernisse der modernen Welt angepaßte, aber undurchdachte Lebensanschauung hat, nach der er tatsächlich lebt, und daneben ein mit „schöngeistigen" Elementen durchsetztes idealistisches Weltbild, nach dem er zu leben vorgibt. Demgegenüber gilt es einen Bildungsbegriff durchzusetzen, der zwar auf die Festlegung von allgemein verbindlichen Wertnormen weitgehend verzichtet, der aber dafür so wirklichkeitsnah ist, daß er zu einer lebendigen gestaltenden Kraft in unserem Dasein werden kann.

II. Erfahrungen mit fachübergreifenden Ausbildungsinhalten von Natur- und Geisteswissenschaften

II.1 Modelle

Umweltnaturwissenschaften: Erfahrungen mit einem neuen multidisziplinären Studiengang an der ETH Zürich

U. Müller-Herold

Die Umweltzerstörung, so wird gesagt, habe zu tun mit der Ausübung unserer wirtschaftlich-technisch-naturwissenschaftlichen Macht im Kleinen und unserer Blindheit im Großen.
Was „man" so sagt, hat häufig einen wahren Kern. Denn in der Tat: Als Konsumenten, Bauern, Gewerbetreibende, Beamte und Politiker setzen wir bei der Lösung unserer beschränkten Alltagsprobleme unsere gleichermaßen beschränkten eigenen Absichten und Einsichten höchst wirkungsvoll in die Praxis um, oft genug in Konkurrenz zu anderen. Rücksicht auf das Ganze spielt dabei eine kaum wahrnehmbare, in aller Regel auf Einhaltung rechtlicher Vorschriften beschränkte Rolle. Und andererseits: Tappen wir nicht schnell im Dunkeln, sobald wir als Staatsbürger, Christen oder einfach nur „als Menschen" den Blick auf die weiteren Zusammenhänge richten? Sind nicht – bei engagierter, realistischer und halbwegs ehrlicher Analyse – die meisten Umweltprobleme hoffnungslos verwickelt, zu verwickelt für ein schlüssiges Urteil? Die ungeduldig propagierten, drastischen „Lösungen", sind sie nicht eher Ausdruck ohnmächtigen Wollens als Ergebnis klaren Erkennens?
Ein Naturwissenschaftler, der Bauern, Technikern, Beamten und Politikern hier weiterhelfen könnte, müßte ein Naturwissenschaftler neuen Typs sein. Er müßte die Detailversessenheit der alten Naturwissenschaft verbinden mit einem neuen Gespür für Zusammenhänge mit Größeren, er müßte das Einzelne vom Ganzen her erfassen können, müßte Generalist und Spezialist in einem sein. Wie ein guter Arzt müßte er mit seinem Patienten fühlen können, ohne mit ihm zu leiden – denn Leiden verschleiert die Klarheit des Blicks.
Ein Studiengang, der eine solche, die Zusammenhänge zwischen den einzelnen Umweltkomponenten betonende, auf eine ganzheitliche Sicht abzielende, disziplinübergreifende Ausbildung anstrebt, müßte

einerseits die notwendigen allgemein-naturwissenschaftlichen Grundlagen vermitteln, andererseits aber auch fundierte Kenntnisse über spezielle Umweltsysteme und die darin ablaufenden Prozesse. Er müßte versuchen, die Teilbereiche in integrierenden Lehrveranstaltungen miteinander zu verbinden, und auch nicht-analytische Zugänge „von oben her" miteinbeziehen. Wegen der wichtigen Schnittstellen zwischen Natur und Zivilisation hätte er tiefere Einblicke in die technischen und in die humanwissenschaftlichen Grundlagen der Mensch-Umwelt-Beziehung zu vermitteln. Darüber hinaus müßte versucht werden, Elemente in den Studiengang einzubeziehen, die die Kommunikationsfähigkeit gewährleisten, die die Absolventen befähigen, mit Fachspezialisten zusammenzuarbeiten und sich in neue Gebiete einzuarbeiten. *In jedem Falle müßte er die Berufsfähigkeit garantieren und die Möglichkeit qualifizierter wissenschaftlicher Tätigkeit eröffnen.*

Vorgeschichte

Am *29. Januar 1986* erhielt eine Gruppe von vier Angehörigen des Mittelbaus der ETH Zürich den Auftrag, einen zeitgemäßen Studiengang für Umweltwissenschaften zu entwerfen. Bei der Gruppe handelte es sich um die Herren A. Fischlin (Systemökologie/Informatik), A. Gigon (Biologie/Pflanzenökologie), D. Imboden (Gewässerphysik) sowie A. Weidmann (Forstingenieurwesen/Hochschulplanung), und bei dem Auftrag um den vierten Anlauf seit 1971, an der ETH ein Umweltstudium einzuführen.

Am *6. März 1986* konnte ein erster Entwurf für einen multidisziplinären, naturwissenschaftlichen, auf die Umweltproblematik ausgerichteten Studiengang vorgelegt werden, der zugleich geisteswissenschaftliche und technische Elemente enthielt und auch eine Berufspraxis vorsah.

Am *26. April 1986* ereignete sich der Unfall in dem Atomkraftwerk von Tschernobyl (Sowjetunion), und am *12. Mai 1986* setzte der Rektor der ETH das Ende des Sommersemesters als Frist für die Einreichung eines ausgearbeiteten Vorschlages. Am *1. Oktober 1986* brannte in Schweizerhalle ein Lager der Firma Sandoz nieder. Mit dem Löschwasser gelangten 105 Tonnen Chemikalien in den Rhein. Es handelte sich um 100 verschiedene Substanzen – hauptsächlich Phosphorsäureester – die in Mengen zwischen 50 kg und 26 t eingeschwemmt wurden.

Am *2. Februar 1987* billigt die Abteilungskonferenz der Abteilung für Naturwissenschaften definitiv das Grundstudium eines Studienganges „Umweltnaturwissenschaften":
In einem multidisziplinären Grundstudium vom 1. bis zum 4. Semester werden Grundlagen in Mathematik, Informatik, Physik, Chemie, Biologie und Erdwissenschaften vermittelt. Hinzu kommen ein als Einheit gedachtes, viersemestriges integriertes Praktikum sowie humanwissenschaftliche und naturwissenschaftliche Veranstaltungen zu den Grundlagen der Mensch-Umwelt-Beziehung.
Das Fachstudium im 5. bis 8. Semester enthält eine Vertiefung in einer der klassischen naturwissenschaftlichen Disziplinen wie Biologie, Chemie, Chemie-Mikrobiologie, Physik sowie in einem Umweltsystem wie Wasser, Boden, Luft, Anthroposphäre oder dem terrestrischen Ökosystem. Es benötigt dazu etwa die Hälfte der zur Verfügung stehenden Zeit, es stellt die Berufsfähigkeit sicher und vermittelt einen Einstieg in das wissenschaftliche Arbeiten.
Die übrige Hälfte der Zeit ist großen integrierenden Veranstaltungen (Fallstudien, Berufspraxis) sowie den Teilen „Umwelttechnik und Umweltnutzung" und „Umweltsozialwissenschaften" vorbehalten. Sie sichern die Kommunikationsfähigkeit und vermitteln den Blick für die Zusammenhänge im Größeren.
Die Diplomarbeit im 9. Studiensemester wird im Bereich der gewählten Fachvertiefung und des gewählten Umweltsystems durchgeführt. Sie vermittelt die Erfahrung, wie das Erlernte zur Bearbeitung einer konkreten naturwissenschaftlichen Fragestellung einzusetzen ist. Zum Erwerb von Forschungskompetenz wird die Ausführung einer Dissertation im Anschluß an das Studium empfohlen.

Am *24. Oktober 1987* wurden die ersten 130 Studienanfänger begrüßt: „Sie studieren ein neues Fach, Umweltnaturwissenschaften, weil wir an den Hochschulen schon lange keine Naturwissenschaftler mehr ausbilden, sondern ganz ausschließlich Forscher. Für einen erfolgreichen Forscher genügt es, eine Reihe von Einzelproblemen akribisch durchzuarbeiten, Wissen um die Naturzusammenhänge im Größeren braucht er nicht ... Wir als Ihre akademischen Lehrer stehen vor der Aufgabe, Ihnen etwas zu vermitteln, das wir aus eigener Erfahrung an den Hochschulen selbst nicht kennen. In unserer Hilflosigkeit erinnern wir an Wegweiser, die auch nicht gehen können, wohin sie weisen. Einzig der Name des Zieles ist bekannt und das erste, kleine Stück des Weges ... Als Erstsemestrige eines Studiums ohne Vorbild nehmen Sie teil an einem Experiment. Experimente können scheitern, und auch dieses Experiment kann auf vielfältige Arten scheitern. Die vornehmste Form des Scheiterns läge darin, daß Sie ganz normale Naturwissenschaftler werden, vielleicht ein wenig breiter ausgebildet als heute üblich: Denn unser Ziel ist und wird es bleiben, daß Sie einmal anders sind als wir, als Ihre akademischen Lehrer, es sind."

Abb. 1. Das Gebäude Umweltnaturwissenschaften

Das Grundstudium

Das damit beginnende, bis heute im wesentlichen unveränderte viersemestrige Grundstudium besteht aus drei Teilen:

1) Einer allgemein mathematisch-naturwissenschaftlichen Grundausbildung. Sie umfaßt
   - Mathematik und Informatik im Umfang von etwa 25 Semesterwochenstunden (SWS).
   - Naturwissenschaftliche Grundlagen in Physik, Chemie, Biologie und Erdwissenschaften, etwa 42 SWS.
2) Einem Integrierten Grundpraktikum I bis IV
   Grundoperationen der chemischen Arbeitstechnik, Grundzüge der Analyse von Probenmaterial; Übungen an Pflanzen, Tieren und Mikroorganismen; Artenkenntnis; Indikatoren; Grundzüge der biologischen Labortechnik; Grundzüge der aquatischen Ökologie; physikalisch-chemische Eigenschaften von Vielphasensystemen; Wärme, Strahlung, Lärm; elementare physikalisch-chemische Meßtechniken; Behandlung und Interpretation von Meßdaten; Elemente toxikologischer Arbeitsmethodik; Grundzüge der physiologischen Untersuchungstechnik und der ökologischen Systemanalyse. Umfang etwa 48 SWS und zusätzlich 1 Wochenblock Toxikologie.
3) Lehrveranstaltungen integrierenden Charakters
   - Umwelt III und IV
     Diese Lehrveranstaltungen vermitteln eine Einführung in das Verständnis der globalen Umweltphänomene: Entstehung der Biosphäre, Evolution und Lebensformen; Bio-Ökosysteme; Einfluß auf die globalen Kreisläufe; Einfluß des Menschen auf die Umwelt; Stoffflüsse der Anthroposphäre. Etwa 4 SWS.
   - Einführung in die sozial- und geisteswissenschaftlichen Aspekte der Mensch-Umwelt-Beziehung.
     Einzelne Lehrveranstaltungen behandeln die folgenden Themen (verbunden mit Seminarien usw.):
   - Umgang mit komplexen Umweltsystemen
   - Umweltrecht und Umweltpolitik
   - Ökonomie für Umweltnaturwissenschaftler
   - Soziale Kommunikation
   - Umfang etwa 11 SWS.

26 U. Müller-Herold

Abb. 2. Grundstudium

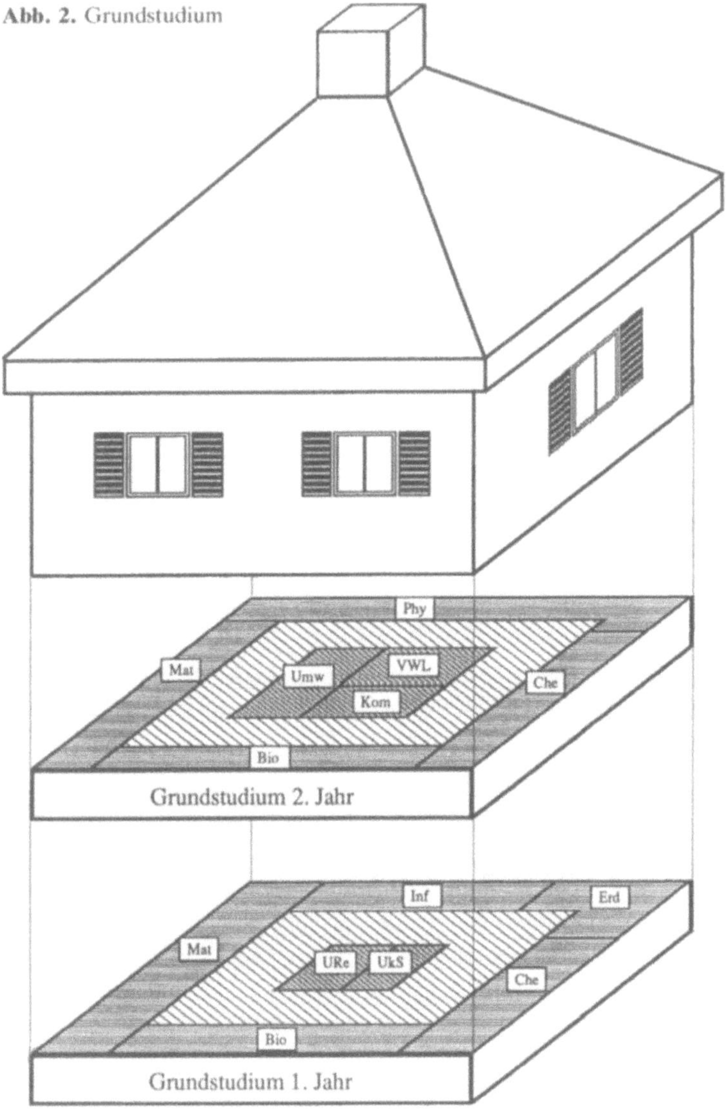

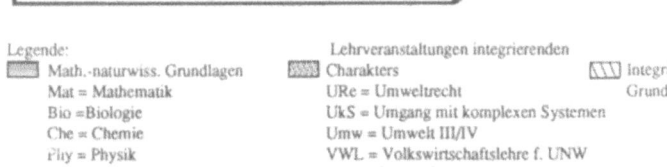

Legende:
- Math.-naturwiss. Grundlagen
- Mat = Mathematik
- Bio = Biologie
- Che = Chemie
- Phy = Physik
- Inf = Informaitk
- Erd = Erdwissenschaften (Umwelt I/II)

Lehrveranstaltungen integrierenden Charakters
- URe = Umweltrecht
- UkS = Umgang mit komplexen Systemen
- Umw = Umwelt III/IV
- VWL = Volkswirtschaftslehre f. UNW
- Kom = Soziale Kommunikation

Integriertes Grundpraktikum

Berufliche Tätigkeitsfelder[1]

Bei der Planung des Studienganges zog man die folgenden Berufsmöglichkeiten in Betracht:

- Forschung und Unterricht in umweltbezogenen Wissensbereichen an Hochschulen, Forschungsinstituten, in Industrie, Handels- und Dienstleistungsunternehmen,
- Mitwirkung und wissenschaftliche Beratung bei Umweltverträglichkeitsprüfungen, technischen Entwicklungsvorhaben, Umweltschutzprojekten, dem Aufbau und Betrieb von Beobachtungsnetzen,
- Beratung und Mitarbeit in Natur- und Umweltschutzämtern der Gemeinden, Kantone, des Bundes und internationaler Organisationen,
- Umwelterziehung auf allen Bildungsstufen einschließlich des Lehramtes an Mittelschulen,
- Medienarbeit.

Erste Erfahrungen

Der kurze Zeitraum von nur 18 Monaten zwischen der Erteilung des Planungsauftrages und dem Eintreffen der ersten Studenten deutet schon darauf hin, daß es bei der Planung nicht „mit rechten Dingen" zugegangen sein kann. Die üblichen Planungsverfahren an der ETH beanspruchen erheblich längere Zeiten, selbst wenn man die Beschleunigung durch äußere Ereignisse einmal mitberücksichtigt. Ein wesentlicher Punkt war der Entschluß, die Planung ausnahmsweise nicht Gremien von Ordinarien zu übertragen, sondern eine Gruppe von Mittelbauangehörigen damit zu betrauen.

---

[1] Der wissenschaftlich-technische Fortschritt besteht heute zunehmend darin, mit den Folgen des Fortschritts von gestern fertig zu werden. Das führt zu einem rasch zunehmenden Bedarf an Naturwissenschaften, welche sich mit diesen Fragen auseinandersetzen. Bisher wurden diese Aufgaben von disziplinorientierten Spezialisten wahrgenommen, die sich im Laufe ihres Berufslebens in die Umweltwissenschaft eingearbeitet haben. Die zunehmende Komplexität und der zunehmende Umfang der Umweltprobleme wird in Zukunft dem multidisziplinär ausgebildeten Umweltnaturwissenschaftler eine Reihe von Tätigkeitsgebieten neben dem Spezialisten herkömmlicher Richtung eröffnen und einen expandierenden Stellenmarkt entstehen lassen, der sich aus Mangel an entsprechend ausgebildeten Absolventen bisher noch nicht hat bilden können.

Dieses Vorgehen hat insofern eine Vorgeschichte, als sich mehrfach gezeigt hat, daß das übliche Verfahren zwar zu ausgewogenen Kompromißlösungen führt – die dann auch allgemein akzeptiert werden – daß diese Lösungen jedoch oft so gesichtslos sind, daß inhaltlich damit nur wenig gewonnen wird. Auf diesen Sachverhalt hat insbesondere der Rektor der ETH, Prof. H. v. Gunten, wiederholt hingewiesen. (Es ließe sich dazu eine Reihe ausdrucksstarker Zitate beibringen.) Der – auf T. Koller und W. Stumm zurückgehende – Gedanke, die Planung einer Gruppe von Leuten zu übertragen, die *institutionell* von deren Ausführung nicht betroffen sind, erwies sich als entscheidend nicht nur für die Möglichkeit eines Entwurfs eigener Prägung, sondern auch für die Beschleunigung des Planungsverfahrens.

Der offensichtliche Nachteil dieses Verfahrens lag darin, daß durch die weitgehende Umgehung der Institute als der Inhaber der institutionellen Macht und durch die Verkürzung des Vernehmlassungsverfahrens ein Konfliktpotential aufgebaut wurde, das heftige Abwehrreaktionen hervorrief und die Verwirklichung des ganzen Projektes fraglich werden ließ. Daß zumindest die erste Phase trotzdem zu einem Abschluß gebracht wurde, ist einem Zusammentreffen verschiedener Umstände zu verdanken, die insgesamt jenes Quentchen Glück verkörpern, ohne das nun einmal nichts Gutes zustande kommt.

Da waren einmal die beiden „Fast-Katastrophen" des Jahres 1987, die ganz allgemein das Bewußtsein erzeugten, es müsse nun doch im Umweltsektor etwas geschehen. Diese Stimmungslage hielt zumindest die *offene* Opposition während der entscheidenden Zeitabschnitte in Grenzen. Hinzu kam der starke Wille der Planer, sich ihren Entwurf nicht verwässern zu lassen, sowie die Unterstützung durch eine kleine Gruppe einflußreicher, *außenstehender* Sympathisanten (A. Eschenmoser, H. Primas, W. Schneider u. a.), vor allem aus der sonst konservativen Chemieabteilung. *Entscheidend aber war der Wille der damaligen Schulleitung*[2], endlich vorwärts zu machen. Dazu gehört die Fristsetzung durch den Rektor, aber auch ein direktes Eingreifen des Prorektors Prof. K. Dressler, der bei dem Versuch einer dilatorischen

---

[2] Die Schulleitung der ETH Zürich besteht aus einem von den politischen Aufsichtsgremien eingesetzten Präsidenten, drei Vizepräsidenten – für Forschung, Verwaltung und Planung – sowie einem von den Professoren gewählten Rektor, der für die Belange der Lehre zuständig ist. Durch mögliche Wiederwahl sind die Amtszeiten der Mitglieder der Schulleitung in aller Regel beträchtlich.

Behandlung des Entwurfes an der entscheidenden Abteilungskonferenz vom 20.2.1987 offen darauf hinwies, „die Geduld der Schulleitung mit den Abteilungen sei zu Ende".
Obwohl damit das Projekt auf der Ebene der Beschlüsse zunächst einmal gerettet war, begann auf der Agorà ein um so stärkeres Gerede. Von Studenten anderer Abteilungen war zu hören, es gebe da einen neuen Studiengang für „PsychoSozioEthnoChemiker", vom Establishment, die Planung sei durch den „boy's club" erfolgt oder durch die „zweite Garnitur", und ganz allgemein, die Umweltstudenten „redeten von allem und könnten nichts". Von „oben" wurde befürchtet, die neuen Studenten seien „grüne Systemveränderer", und von der chemischen Industrie in Basel kamen „besorgte" Kommentare, ihre Interessen seien nicht ausreichend berücksichtigt worden.
Da diese Äußerungen zeigen, was auch zu erwarten war, daß nämlich ein neuer Studiengang dieser Art in hohem Maße Unterstellungen durch Dritte ausgesetzt sein würde, war es angezeigt, für Abhilfe zu sorgen. Als nützlicher, allererster Schritt erwies sich dabei eine psychologische Untersuchung aller Studienanfänger gleich in den ersten Wochen des WS 1987/88, des 1. Semesters. Die Untersuchung wurde mit Hilfe eines halbstandardisierten Fragebogens vom Leiter des psychologischen Dienstes der Verkehrsbetriebe Zürich, Dr. F. Hürlimann, durchgeführt. Hinzu kam noch eine persönliche Einzelbefragung der Studierenden.
Es stellte sich heraus, daß je nach Befragungssituation verschiedene Aspekte in den Vordergrund rückten. So zeigten sich die Studierenden im persönlichen Gebrauch konstruktiv („Was man machen sollte und selber machen möchte"), im Fragebogen depressiv („Ist nicht schon alles zu spät? Kann man denn überhaupt noch etwas ausrichten?"), und in den Plenardiskussionen aggressiv (wie das in gruppendynamisch *und* thematisch aufgeladenen Situationen nur allzu leicht geschieht). Seine Eindrücke zusammenfassend schreibt F. Hürlimann: „Dominantester Eindruck über die ganze Zeit war ein außergewöhnlich hoher Bewußtseinsgrad, eine Sensibilität für gesellschaftliche Probleme, Zwänge und Mechanismen. Dazu kam ein – allerdings oft eher diffuser – Leidensdruck über die Umweltsituation. Zweiter dominanter Eindruck war eine sehr hohe Artikulationsfähigkeit und Artikulationslust ... Weiter ist aufgefallen ein starkes Betroffensein von der Umweltproblematik und auch der Wille – gelegentlich auch das Sendungsbewußtsein – hier etwas zu tun, wobei erstaunlicherweise eigentliche Missionarsfiguren fehlen. *Die erwarteten Körnlipicker, Pulswärmerli- und Kupfer-Wolle-Bast-Figuren fehlen praktisch völlig ...*"

Eine weitere leichte Entspannung trat dadurch ein, daß sich die „Umweltstudenten" als überdurchschnittlich gut und interessiert erwiesen. Das zeigte sich in den Prüfungen zum 1. Vordiplom im Herbst 1988, wurde aber auch einhellig von den Dozenten bestätigt, die mit den Neuen in Vorlesungen und Praktika zusammenkamen.

Die Planung des Fachstudiums

Nachdem die ersten Studenten im Herbst 1987 schon mit dem Studium begonnen hatten, kam planerisch überhaupt erst der größte Brocken: Die Ausarbeitung des Fachstudiums mit seinen vielfältigen Wahlmöglichkeiten und den dadurch bedingten zahllosen Abstimmungen mit Instituten, Departementen und Abteilungen. In dieser Situation tat der von der Schulleitung eingesetzte neue Chefplaner, Prof. T. Koller, das einzig mögliche und öffnete die Planung für praktisch die gesamte Hochschule. Nunmehr konnte jeder Stellung beziehen, Bedarf an Stellen, Raum und Geräten anmelden, Vorschläge für Vertiefungen und Wahlmöglichkeiten einbringen, die seine besonderen Vorstellungen berücksichtigten.

Der Erfolg dieses Vorgehens blieb nicht aus: Die vorher sehr gereizte Stimmung besserte sich deutlich, und es kam zum erstenmal wirkliche Hoffnung auf, daß der neue Studiengang – der von der Öffentlichkeit und den Studierenden ja sehr positiv aufgenommen worden war – an der Hochschule anwachsen könnte und nicht etwa abgestoßen würde. Hinzu kam, daß die Schulleitung haushälterisch, jedoch in ausreichendem Maße neue Stellen und Mittel für die Durchführung des Grundstudiums bewilligte, so daß ein materieller Handlungsspielraum sichtbar wurde, der die potentiell am Fachstudium Beteiligten zusätzlich ansporte.

Aber auch in anderer Richtung trat das Erwartete ein: Am Ende der zweijährigen Planungsperiode für das Grundstudium war ein Mammutprogramm entstanden mit 350 (!) Unterrichtsveranstaltungen, mit 6 statt der ursprünglich 3 oder 4 Vertiefungsrichtungen, mit zahllosen Wahlblöcken im geisteswissenschaftlichen und im umwelttechnischen Teil. So lag denn im Frühjahr 1989 ein inflationäres Konzept für das Fachstudium vor, das stundenplantechnisch unrealisierbar und mit den Mitteln der Schule kaum zu verwirklichen war. Der ursprünglich einfachen Idee des gesamten Studiums drohte endgültig die Zerfaserung.

In dieser Situation trat völlig überraschend die Schulleitung in Aktion: Der neubestellte Präsident, Prof. H. Bühlmann, beauftragte einen Mit-

arbeiter seines Stabes, Dr. W. A. Lutz, die Planung den Möglichkeiten der Schule anzupassen und Kürzungsvorschläge auszuarbeiten. Diese Vorschläge erwiesen sich als *rettendes Korrektiv*. Es entstand – durch Streichungen – ein wesentlich schlankeres Curriculum, das stundenplantechnisch realisierbar war und mit den *ursprünglichen Absichten weitgehend übereinstimmte*.
Durch die lange Planungsperiode von zwei Jahren mit ihren mehrmaligen Vernehmlassungen und Befragungen war eine wesentlich bessere Verankerung in der Hochschule erreicht worden als bei der Blitzaktion mit dem Grundstudium, und die Kürzungen durch die Schulleitung am Ende erschienen als eine Art höhere Gewalt, die der Richtung Umweltnaturwissenschaften selbst nicht mehr angelastet wurden. Auch begann man sich an die neue Richtung zu gewöhnen.

Das Fachstudium

Das Fachstudium, so wie es am 29. Juli 1989 vom Schweizerischen Schulrat beschlossen wurde, präsentiert sich insgesamt als geschlossener Entwurf, dem man die wechselvolle Geschichte seiner Entstehung kaum noch ansieht. Das Ziel der Ausbildung in Umweltnaturwissenschaften kann man sich mit einem großen „T" wieder in Erinnerung rufen: Der Längsbalken bedeutet dabei die Vertiefung in Fach und System, der Querbalken die Öffnung zu geisteswissenschaftlichen und umwelttechnischen Fächern sowie zu den übrigen umweltnaturwissenschaftlichen Fächern und Systemen.
In der fachbezogenen Ausbildung wird nicht versucht, die etablierten Fachstudien nachzuahmen, sondern eine voll konkurrenzfähige Fachausbildung eigenen Typs zu verwirklichen. Während die Ausbildung etwa der Diplomchemiker darauf zielt, wohldefinierte Produkte aus möglichen Ausgangsstoffen herzustellen, liegt bei dem Umweltnaturwissenschaftler chemischer Vertiefungsrichtung der Akzent auf der Kenntnis der Abbaureaktionen chemischer Substanzen in der Umwelt und der dazugehörigen Spezialanalytik. Das Ziel besteht also darin, die theoretischen und meßtechnischen Grundlagen für die Beurteilung chemischer Vorgänge in der Umwelt zu vermitteln, wozu ganz wesentlich auch Kenntnisse der Mikrobiologie gehören.

Die zeitliche Belastung während des Fachstudiums im 5. bis 9. Semester ist auf 30–34 Semesterwochenstunden (SWS) angesetzt und verteilt sich auf folgende Elemente:

(a) Fachvertiefung
Auswahl einer der folgenden Richtungen im Umfang von insgesamt 50–55 SWS
(Ausnahme Fachvertiefung Physik, total 30 SWS):
A. Vertiefung in Chemie
B. Vertiefung in Chemie-Mikrobiologie
C. Vertiefung in Physik
D. Vertiefung in Biologie

(b) Ausbildung in einem Umweltsystem
Auswahl eines der folgenden Umweltsysteme im Umfang von insgesamt 12 SWS
(Ausnahme: Fachvertiefung Physik mit insgesamt 32 SWS). An Stelle der Ausbildung in einem Umweltsystem kann auch eine Ausbildung in „Mathematische Methoden" gewählt werden.
A. Aquatische Systeme
B. Atmosphäre
C. Terrestrische Systeme
D. Geosphäre
E. Anthroposphäre

(c) Ausbildung in Umweltsozialwissenschaften
Der Studierende wählt einen oder zwei der folgenden Blöcke im Umfang von insgesamt 8 SWS Vorlesungen und 8 SWS selbständiger Arbeit:
A. Philosophie und Ethik der Mensch-Umwelt-Beziehung
B. Psychologie und Soziologie der Mensch-Umwelt-Beziehung
C. Recht, Politik und Ökonomie für Umweltnaturwissenschaftler

(d) Ausbildung in Umwelttechnik
Der Studierende wählt einen oder zwei der folgenden Blöcke im Umfang von insgesamt 8 SWS Vorlesungen und 8 SWS selbständiger Arbeit:
A. Landwirtschaft und Umwelt
    (Gebiete: Agrarwirtschaft, Nutztierwissenschaften, Pflanzenbau)
B. Siedlungswasserbau
    (Gebiete: Siedlungswasserbau, Wassertechnologie, biologische Abwasserreinigung, Trinkwasserhygiene, Wasserversorgung)
C. Raum und Umweltplanung
    (Gebiete: Grundzüge der Planung, ökologische Planung, Behandlung von Information in der Planung)
D. Forstwirtschaft und Umwelt
    (Gebiete: Forstliche Bodennutzung, Walderhaltungspolitik,

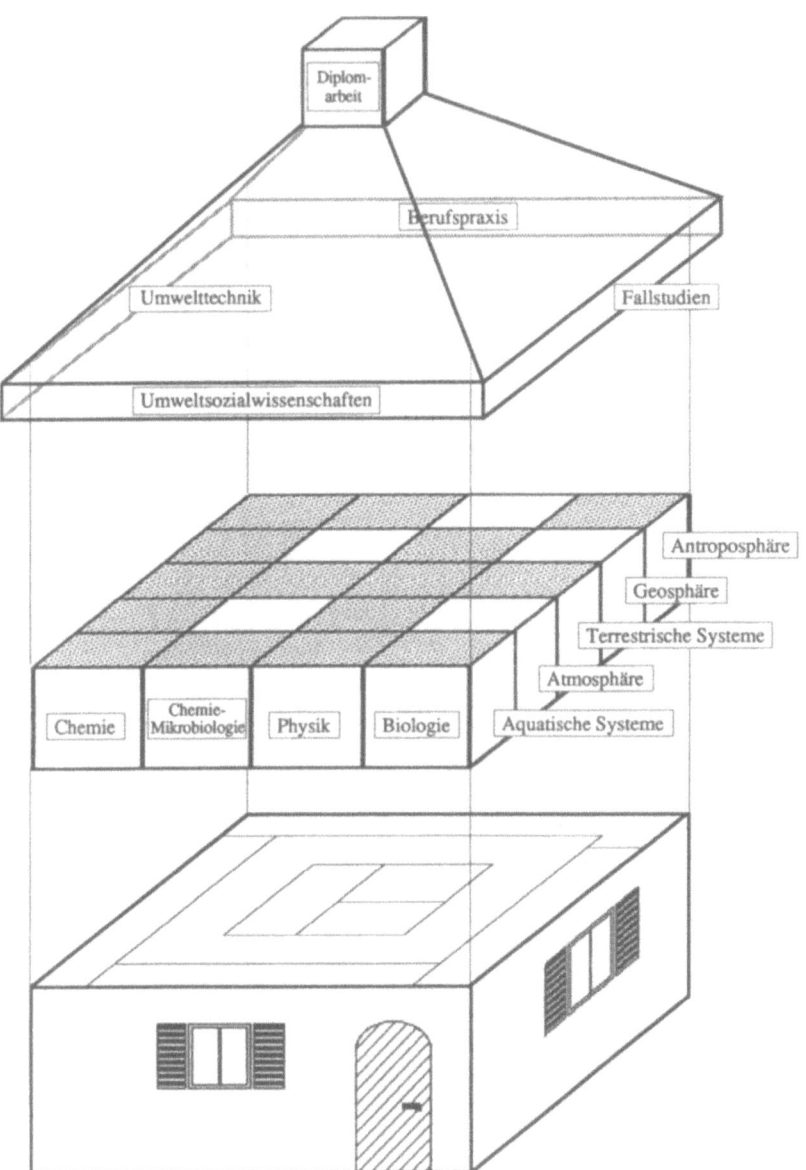

Abb. 3. Fachstudium

Bedeutung des Waldes für Schutz, Erholung und Holzproduktion, multifunktionale Waldbewirtschaftung)
E. Materialkreisläufe: Rohstoffe, Produkte, Abfall
(Gebiete: Stoffhaushalt der Anthroposphäre, Verfahrenstechnik und Ökonomie in Entsorgungssystemen, regionaler Stoffhaushalt)
F. Energiesysteme
(Gebiete: Mensch-Energie-Umwelt, erneuerbare Energien, insbesondere Energienutzung aus Biomasse)
G. Sicherheit und Risikoanalyse
(in Planung)

(e) Integriertes Praktikum für Fortgeschrittene (Fallstudie)
Im 8. und 9. Semester ist die Teilnahme an einer größeren Fallstudie im Umfang von je 8 SWS obligatorisch. Ziel dieser Fallstudie ist die interdisziplinäre Zusammenarbeit von Studierenden verschiedener Fachvertiefungen. Die Abteilungskonferenz legt jeweils für einen Jahrgang das generelle Thema fest und bestimmt die für die jeweilige Fallstudie verantwortlichen Dozenten. Jedes Einzelthema ist von einer Gruppe multidisziplinär zu bearbeiten. Die Gruppen treffen sich regelmäßig und berichten in geeigneter Form über die erzielten Resultate.

(f) Berufspraxis im 7. Studiensemester
Die angehenden Umweltwissenschaftler sollen durch eigene praktische Tätigkeit den beruflichen Umgang mit Umweltfragen von der technisch-wissenschaftlichen, planerischen, administrativen oder beratenden Seite her kennenlernen. Die Berufspraxis soll das Verständnis dafür fördern, unter welchen Rahmenbedingungen umweltgerechte Lösungen erarbeitet und verwirklicht werden können. Die Praxis soll den Studierenden einen lebensnahen Hintergrund für die Mitarbeit bei den Fallstudien liefern und ihnen zugleich auch verschiedene Möglichkeiten späterer Berufstätigkeiten aufzeigen. – Die Berufspraxis findet in der Regel im 7. Studiensemester statt. Mit der Berufspraxis dauert das Studium insgesamt 10 Semester, die Diplomarbeit mit eingeschlossen.

(g) Diplomarbeit
Die Diplomarbeit dauert 4 Monate und wird im 10. Semester (bei Feldversuchen auch im 9. und 10. Semester) ausgeführt. Sämtliche am Fachstudium der Umweltnaturwissenschaften beteiligten Professoren und Privatdozenten können zur Betreuung der Diplomarbeit ausgewählt werden.

Umweltnaturwissenschaften 35

Die naturwissenschaftlichen Vertiefungsrichtungen

Fachvertiefung Chemie

Bei den Umweltnaturwissenschaftlern chemischer Richtung liegt der Akzent auf der Kenntnis der chemischen Prozesse in Atmosphäre, Boden und Gewässern, d. h. der Kreisläufe, Transformationen und Abbaureaktionen von chemischen Substanzen, einschließlich der dazugehörenden Spezialanalytik. Durch eine breite, auf Umweltaspekte optimierte Ausbildung in physikalischer, anorganischer, organischer und analytischer Chemie sollen die theoretischen und meßtechnischen Grundlagen für das Verständnis chemischer Vorgänge in der Umwelt vermittelt werden. Mögliche Arbeitsgebiete umfassen die Beurteilung chemischer Belastungen von Umweltsystemen, z. B. von Oberflächengewässern, Grundwasser, Böden, Luft, die Bearbeitung von Entsorgungsproblemen, Umweltverträglichkeitsprüfungen und Risikobeurteilungen von Chemikalien, Umweltanalytik u. a. m. Die Absolventen dieser Fachvertiefung können sich durch den Besuch weiterer Vorlesungen und durch ein Doktorat in gewissen Bereichen der Chemie und Biochemie wissenschaftlich weiterbilden. Insbesondere können sie sich auch zum Analytiker herkömmlicher Richtung ausbilden, d. h. eine dem Analytiker der Abteilung für Chemie gleichwertige Ausbildung erreichen. Eine Doktorarbeit in anderen Bereichen der Chemie setzt voraus, daß der Absolvent bereit ist, seine Chemieausbildung in der Nachdiplomphase zu ergänzen. Der in Umweltnaturwissenschaften geschulte Chemiker sollte in Zukunft den konventionell ausgebildeten Chemiker ergänzen.

Fachvertiefung Chemie-Mikrobiologie

Mikroorganismen spielen eine überragende Rolle in den natürlichen und anthropogen beeinflußten Kreisläufen von Kohlenstoff, Stickstoff, Schwefel und weiteren Elementen. Sie beeinflussen die Transformation chemischer Substanzen in natürlichen Gewässern und Böden. Im Zentrum der Fachausbildung steht deshalb die Vermittlung von theoretischen und praktischen Kenntnissen in Mikrobiolgoie, Biochemie und Chemie, die für ein vertieftes Verständnis der mikrobiellen Aktivitäten in der Umwelt notwendig sind.
Aktuelle Probleme der Umwelt-Mikrobiologie umfassen: Abbau und Umwandlung potentieller chemischer Schadstoffe in der Umwelt und in technischen Anlagen, Beurteilung des Schicksals, der Umweltverträglichkeit und des Risikos von Umweltchemikalien, Kompostierung, mikrobielle Abluftreinigung, Trinkwasseraufbereitung, Materialschutz, Korrosionsschutz, Bodensanierung, mikrobielle Erzlaugung, mikrobielle Kohle- und Erdölentschwefelung.
Durch den Besuch weiterer Vorlesungen während des Fachstudiums sind auch Schwerpunktbildungen in Ökotoxikologie, Umwelt-Biotechnologie und auf dem Gebiet der mikrobiellen Interaktionen mit Pflanzen möglich.

Fachvertiefung Physik

Die Umweltphysik beschäftigt sich mit Energie- und Materialflüssen in der Umwelt. Stärker als bei anderen Vertiefungsrichtungen richtet sich beim Umweltphysiker das spezielle Arbeitsinstrumentarium nach der Art des jeweils betrachteten Umweltsystems.
Bei der Kombination der Physik etwa mit dem Umweltsystem „Atmosphäre" stehen die Problemkreise Luft und Klima im Mittelpunkt: Das Thema „Luft" betrifft den Transport von Energie und Materie in der Atmosphäre, wobei kurzzeitige und oft auch lokale Phänomene im Vordergrund stehen. Das Thema „Klima" betrifft die langfristigen energetischen und hydrologischen Prozesse in der Atmosphäre und deren Wechselwirkung mit dem Ozean. Heute gibt es eine wachsende Anzahl von scheinbar lokalen Problemen der Luftbelastung, welche sich zu globalen und langfristigen Problemen des Klimas entwickelt haben.
Die Kombination der Physik mit „aquatischen" bzw. „terrestrischen Systemen" handelt von der Stoff- und Energieverteilung im Wasser und Boden als Folge der gleichzeitigen Wirkung von Transport- und Umwandlungsprozessen. Eine enge Verbindung zur Umweltchemie und -mikrobiolgoie ist daher gegeben. Große Bedeutung haben ferner mögliche Veränderungen des Wasser- und Energiehaushaltes durch die Nutzung von Boden und Gewässern zur Energieerzeugung und -speicherung.
Bei der Kombination mit dem Umweltsystem „Geosphäre" geht es um die systematische Erforschung der „dritten Dimension" der Erdkruste, d.h. des tieferen Untergrundes, mit physikalischen Methoden im Zusammenhang mit praxisbezogenen Fragestellungen aus den Umweltnaturwissenschaften, wie zum Beispiel: Entsorgungsmöglichkeiten für radioaktive und chemische Abfälle, Ermittlung der natürlichen radioaktiven Strahlenbelastung, Untersuchung tiefliegender Wassersysteme, Erkundung neuer Energiequellen wie z.B. der Nutzung von Erdwärme und von Rohstoffvorräten, Aufklärung der physikalischen Prozesse in Erdbebenvorgängen, Projektierungsgrundlagen für unterirdische Speicher und für effiziente subterrane Verkehrswege.
Das berufliche Betätigungsfeld des Umweltphysikers umfaßt die Beratung vor allem auf dem Gebiet der Luftreinhaltung und des anthropogenen Stofftransportes zwischen Wasser, Boden und Luft, auf dem Gebiet des Gewässer- und Bodenschutzes, der Abfallentsorgung, der Erzeugung, Speicherung und des Verbrauchs von Energie. Weiter gehören zu den Tätigkeiten Standort- und Sicherheitsanalysen bei der Lagerung von chemischen und radioaktiven Abfällen, bei der Planung von neuen Verkehrswegen, oder bei der Abschätzung zukünftiger Szenarien der physikalischen Umwelt, z.B. im Zusammenhang mit Klimaänderungen.

Fachvertiefung Biologie

Die Vertiefung in Biologie beschäftigt sich mit der Struktur und der Funktionsweise von Lebewesen, Populationen und Ökosystemen bis hin zur ganzen Biosphäre, und insbesondere mit deren Reaktionen auf natürliche und anthropogene Umweltveränderungen. Mit qualitativen und quantitativen Methoden werden einerseits das natürliche Verhalten, andererseits Auswirkungen anthropogener Änderungen der Energieflüsse in Form von Wärme und Radioaktivität, der Stoffflüsse in Form von Schadgasen, Schwermetallen und anderen Xenobiotika und des Artenspektrums durch Züchtung, Ausrottung und Zuwanderung in terrestrischen und aquatischen ökologischen Prozessen, Lebewesen und Ökosystemen untersucht. Die Methoden reichen von chemischen und toxikologischen Analysen, Bodenuntersuchungen, Gaswechselmessungen, Bioindikation, Populationsuntersuchungen und genetischen Untersuchungen, Kartierungen und Experimenten an ganzen Ökosystemen bis zur systemökologischen Modellierung. Umfassendes Verstehen von Stabilität, Belastbarkeit, Sukzession, Evolution und Regeneration von einzelnen Arten und ganzen Ökosystemen ist ein Hauptziel der Vertiefung in Biologie.

Wer sollte dieses Studium nicht wählen

Angesichts der vielfältigen Ziele und Inhalte ist das Studium der Umweltnaturwissenschaften anspruchsvoll. Es kann nur naturwissenschaftlich interessierten, begabten und arbeitswilligen Studierenden empfohlen werden.

Zur Frage des naturwissenschaftlichen Interesses: Man kann sich der Umweltproblematik von verschiedenen Seiten her nähern: Es gibt Umweltrecht, Umweltökonomie, -soziologie, und -ethik. Und neben der akademischen Tätigkeiten gibt es auch die praktische Mitarbeit in Umweltorganisationen, im Umweltschutz und so fort. Alle diese Dinge sind wichtig, stehen aber nicht im Mittelpunkt *dieses* Studiums. Denn dieses Studium ist zunächst einmal ein *naturwissenschaftlicher* Studiengang – wenn auch mit neuartiger Ausrichtung auf die Umwelt, mit breiten Berührungsflächen zu Technik, Geistes- und Sozialwissenschaften. Und wenn jemand nicht – ganz unabhängig von der Umweltproblematik – zumindest ein Grundinteresse an den Naturwissenschaften hat, wird er es schwer haben, durchzuhalten.

Zur Frage der Begabung: Die besondere Herausforderung des Studiums liegt in der gedanklichen Bewältigung der Vielfalt. Während in den einzelnen Teilbereichen die üblichen Qualifikationen für ein naturwissenschaftliches Studium erforderlich sind, verlangt die Integration der Teilbereiche die Fähigkeit, Auseinanderliegendes in einen Zusammenhang zu bringen. Diese Arbeit kann im Unterricht von den Dozenten bestenfalls vorbereitet werden und bleibt als persönliche Aufgabe ohne Ende über die Zeit des Studiums hinaus auch während der späteren beruflichen Tätigkeit bestehen. Sie verlangt Phantasie, Kenntnisse und Disziplin.

Zur Frage des Arbeitswillens: Die Lebensgewohnheiten der Freizeitgesellschaft verschleiern den Blick für das Ausmaß der Arbeitsleistung, die aufgebracht werden muß, bevor man in einer komplexen Materie kompetent mitreden kann. In anderen Studien wie etwa der Medizin ist das allgemein akzeptiert. Wem die Wegstrecke eines multidisziplinären akademischen Studiums zu trocken, zu entbehrungsreich oder zu aufwendig ist, wer also ganz unmittelbar etwas Nützliches tun möchte, der kann auch auf kürzeren, nicht notwendigerweise wissenschaftlichen Wege wichtige Beiträge leisten, etwa so wie Krankenschwestern und -pfleger das vielfach in vorbildlicher Weise tun. – Schwer vorstellbar erscheint es, daß jemand dieses Studium seriös betreibt und zugleich in großem Stil Nebenbeschäftigungen nachgeht.

Als gescheitert ist ein multidisziplinäres Studium anzusehen, wenn jemand sich mit mangelhaftem Einsatz und Kenntnissen lediglich in Teilbereichen irgendwie so durchschlängelt – auf welchem Weg auch immer. Er hat dann weder die Fähigkeiten des Spezialisten noch den Überblick des Generalisten und ist als Wissenschaftler: eine traurige Gestalt.

Unterricht

Träger des Unterrichtes ist – seit 1. Januar 1989 – eine eigene „Abteilung für Umweltnaturwissenschaften", die Abteilung XB der ETH Zürich. Mitglieder der Abteilung sind die Studierenden der Studienrichtungen „Umweltnaturwissenschaften" und „Umweltphysik", sowie die am Unterricht in diesen Studienrichtungen beteiligten Dozenten und Assistenten. Mit etwas über hundert Studienanfängern im ersten und zweiten Jahr liegt die neue Abteilung der Größe nach zwischen den Abteilungen für Chemie und für Biologie.

Die Abteilung stellt die organisatorische Infrastruktur für die Durchführung des Diplomstudienganges zur Verfügung, wacht über Einhaltung der Reglemente und paßt den Studiengang an neue Entwicklungen und Erkenntnisse an. An der Spitze der Abteilung XB steht der Abteilungsvorsteher, der die Abteilung nach außen vertritt und die Abteilungsgremien präsidiert. Wichtigstes beschlußfassendes allgemeines Gremium der Abteilung ist die Abteilungskonferenz, die über alle Fragen der Lehre und der Prüfungen befindet. In der Abteilungskonferenz XB sind Professoren, Assistenten und Studierende im Verhältnis 4:2:4 stimmberechtigt vertreten. Als eigentliche Clearingstelle für alle Fragen des Unterrichtes und der Prüfungen fungiert die Unterrichtskommission, die von der Abteilungskonferenz gewählt wird, und in der Studierende, Assistenten und Dozenten gleichfalls im Verhältnis 4:2:4 vertreten sind. Die Unterrichtskommission berät die Geschäfte der Abteilungskonferenz und bereitet die formalen Anträge vor. Sie hat zudem die wichtige Aufgabe, die Weiterentwicklung des ganzen Diplomstudienganges vorzuberaten.

Bisher hat sich die Zusammenarbeit in den gemischten Gremien vor allem deshalb fruchtbar gestaltet, weil einmal die Studierenden den besonderen Einsatz ihrer Dozenten anerkennen. So haben sie nach langer und nicht immer leichter Diskussion den Dozenten in der AK ein Vetorecht eingeräumt (von dem diese bisher allerdings noch keinen Gebrauch gemacht haben). Und am Ende ihres Beitrages zum ersten Jahresbericht schreiben sie nach zum Teil sehr harscher Kritik an organisatorischen Mängeln: „Dennoch möchten wir für einmal allen an der Geburt und jetzt am Füttern und Aufziehen des Studiums Beteiligten unseren herzlichsten Dank aussprechen." Das hört man an der ETH nicht alle Tage.

Den Dozenten, auf der anderen Seite, ist es immer klar gewesen, daß letztlich die Studierenden das Hauptrisiko des ganzen Unternehmens tragen. Sobald es die ersten Studenten des 1. Semesters gab, wurden sie in alles einbezogen und zu allem befragt, von der Dozentenplanung über Zwischenprüfungen bis hin zur Ausgestaltung der psychologischen Untersuchung. Und schließlich waren es die Dozenten, die Assistenten und Studenten eine gemeinsame 60%-Mehrheit in den gemischten Gremien eingeräumt haben.

Ohne dieses Verhalten überzubewerten und ohne insbesondere die Besonderheiten der Pioniersituation zu verkennen, ist man geneigt, in dem trotz häufiger Gereiztheiten letztlich rücksichtsvollen Umgang miteinander den Willen zu einem rücksichtsvollen Umgang mit der Umwelt herauszuspüren.

Fazit

Die bisherigen Erfahrungen mit dem neuen Studiengang „Umweltnaturwissenschaften" betreffen vor allem die Geschichte seiner Planung: Wie kann man an heutigen Gruppenuniversitäten überhaupt etwas profiliert Neues machen, ohne daß es im Interessenklüngel der Fach- und Institutsinteressen auf der Strecke bleibt? Der Verlauf der Ereignisse deutet an, daß das eigentlich nur im Rahmen einer Zufallskonstellation gelingen kann, und das Schicksal ähnlicher, paralleler Planungen an der ETH liefert weitere Hinweise in dieser Richtung. Wesentlich war, daß man bereit war, als überraschend eine Möglichkeit sich bot.

These 1: Ein multidisziplinäres Studium kann nicht sinnvoll geplant werden ohne jene, die es durch ihren persönlichen Einsatz einmal tragen werden. Es darf jedoch nicht letztverantwortlich von jenen konzipiert werden, die es institutionell begünstigt.

Eine Gefahr multidisziplinärer Studiengänge liegt darin, daß die Synthese der Teilbereiche nicht gelingt. Die Vernetzung der Teilbereiche darf nicht den Studierenden allein überlassen bleiben, sie muß Teil des Unterrichtes sein.

These 2: Ein multidisziplinäres Studium muß zentrale, Identität stiftende Elemente enthalten, und es muß darin große, von den Teilbereichen unabhängige integrierende Veranstaltungen geben.

Die wohl größte Aufgabe besteht darin, die Stoffmenge in Grenzen zu halten. Dazu ist es nötig, sich von liebgewordenen akademischen Vorstellungen zu lösen. In erster Linie kommt es darauf an, Wachstumskeime zu legen, Systematik und Vollständigkeit dürfen kein Ziel sein. Bei jeder Einzelheit ist zu fragen, ob sie nicht entbehrlich ist, der Stoff ist auch ohne sie noch viel zu umfangreich.

These 3: Die Beschränkung – und die Vernetzung – des Stoffes ist eine gemeinsame Aufgabe der beteiligten Dozenten. Sie ist eine Aufgabe ohne Ende, für die sich die Dozenten regelmäßig absprechen müssen.

Es ist vor allem diese letzte Aufgabe – die ständig neue Untersuchung, was *wirklich* wichtig und was allenfalls entbehrlich ist – die für die beteiligten Dozenten die Mitwirkung anstrengend macht. Ohne ganz außerordentliche Anstrengungen in dieser ungewohnten Richtung wird auch dem Unternehmen „Umweltnaturwissenschaften" kein dauerhafter Erfolg beschieden sein, oder, mit den Worten des ersten Vorstehers der Abteilung für Umweltnaturwissenschaften, Prof. Walter Schneider: *„Wir müssen achtgeben, daß wir nicht von einem neuen Sprungbrett in den alten Sumpf springen. ..."*

Anhang: Der Studienplan im einzelnen

A.1 Allgemeines

Das Diplomstudium an der ETH ist grundsätzlich für alle Studienrichtungen durch übergeordnete Gesetze und Erlasse (z. B.: ETH-Verordnung, ETH-Zulassungsordnung, Allgemeine Prüfungsverordnung für die ETHZ, Weiterbildungsreglement) geregelt. Die Systematische Rechtssammlung (RSETHZ) enthält alle rechtsverbindlichen Erlasse, die die ETH-Zürich betreffen, insbesondere auch diejenigen für die einzelnen Studienrichtungen.

Maßgebend und rechtsverbindlich für den Studiengang Umweltnaturwissenschaften (UNW) sind die vom Schweizerischen Schulrat am 29. Juni 1989 genehmigten Reglemente:
- Studienplan 1989 der Abteilung für Umweltnaturwissenschaften,
- Diplomprüfungsreglement 1989 der Abteilung für Umweltnaturwissenschaften,
- Reglement für die obligatorische Praxis der Studierenden des Studienganges Umweltnaturwissenschaften (UNW).

Die obengenannten Reglemente legen den Rahmen des Studiums fest. Die Einzelheiten werden von der Abteilung für Umweltnaturwissenschaften in eigener Kompetenz festgelegt. In diesem Kapitel der Wegleitung sind die Rechtserlasse des Schweizerischen Schulrats sowie die ergänzenden Bestimmungen der Abteilung zusammengestellt. Für die konkrete persönliche Studiengestaltung ist es unerläßlich, dieses Kapitel vor jedem neuen Studienabschnitt genau zu studieren, vor allem auch um zu wissen, welche Lehrveranstaltungen obligatorisch sind.

Die nachfolgenden Abkürzungen werden in diesem Kapitel ständig verwendet:

WS = Wintersemester
V = Vorlesung
G = Vorlesung mit Übungen
S = Seminar
A = Selbständige Arbeit
E = Einführung
GZ = Grundzüge
SS = Sommersemester
U = Übungen
P = Praktikum
K = Kolloquium
Exk = Exkursionen
Gl = Grundlagen
UVP = Umweltverträglichkeitsprüfung
SWS = Semesterwochenstunden

Für eine vollständige Studienplangestaltung sollten zusätzlich folgende Informationsquellen zu Rate gezogen werden:

- *Semesterprogramm der ETH:* Im Semesterprogramm, das jedes Semester neu herausgegeben wird, sind allgemeine Anweisungen, Orientierungspläne, Angaben über Fristen (Einschreibung, Abteilungswechsel, Prüfungsanmeldung) und die Stundenpläne enthalten.
- *Katalog der Lehrveranstaltungen:* Information über Inhalt und Ziele einzelner Vorlesungen, Übungen, Praktika etc. können im Katalog der Lehrveranstaltungen nachgeschaut werden.

Das Fachstudium in Umweltnaturwissenschaften zeichnet sich durch eine große Zahl von Wahlmöglichkeiten aus. So wählen die Studierenden die Fachvertiefung in den Umweltsystemen und den Block in Sozialwissenschaften bzw. Umwelttechnik. Zusätzliche Freiheitsgrade werden beispielsweise in den Umweltsystemen gewährt, wo neben einem obligatorischen Teil weitere Lehrveranstaltungen frei wählbar sind.

Bei diesem vielfältigen Angebot ist es nicht ganz einfach, ein sinnvolles „Menü" zusammenzustellen, denn nicht jede mögliche Zusammenstellung von Lehrveranstaltungen ist auch wirklich sinnvoll. Aus diesem Grund steht den Studierenden für jedes wählbare Studienfach ein Berater zur Verfügung. Die Aufgabe dieser Berater besteht darin, den Studierenden zu helfen, die breiten Wahlmöglichkeiten im Hinblick auf ihre persönlichen Ausbildungsziele optimal zu nützen. Es wird den Studierenden empfohlen, der eigenen Motivation entsprechend das Programm eines Studienfaches zusammenzustellen und dieses spätestens vor dem Beginn der selbständigen Arbeiten, d.h. der Seminararbeiten in den Blöcken bzw. der Diplomarbeit, mit dem zuständigen Berater zu besprechen.

A.2 Grundstudium im 1. Jahr

Nr.	Lehrveranstaltung	Sem./ Wochenstd.
(a) Fächer der Semesterprüfungen (zwei Noten)		
	Informatik	
03-057	Informatik für UNW I	WS 2V + 1 U
03-058	Informatik für UNW II	SS 2V + 1 U
	Umwelt I und II	
03-021	Umwelt I: Atmosphäre, Lithosphäre	WS 2G
03-022	Umwelt II: Hydrosphäre, Globale Prozesse	SS 3G
(b) Obligatorische Prüfungsfächer (vier Fächer)		
(Prüfungen in den ordentlichen Prüfungssessionen)		
	Mathematische Grundlagen I	
03-051	Mathematik für UNW I	WS 4V + 2U
03-052	Mathematik für UNW II	SS 3V + 2U
	Systematische Biologie	
00-003	Bio II: Systematische Biologie I	WS 5V
00-004	Bio II: Systematische Biologie II	SS 2V
03-243	Einführung in die aquatische Ökologie	WS 1V

03-201	Chemie I Integrierte Chemie I	WS 5G
03-206	Theoretische GL der Umweltchemie I	SS 4G
12-708	Umweltrecht Umweltrecht	SS 2V
12-708	Umweltrecht	SS 1K

(c) Obligatorische Lehrveranstaltungen: Testatpflichtig

03-031	Integriertes Grundpraktikum I: Chemie	WS 12P
03-032 1	Integriertes Grundpraktikum II: Biologie (in 3 Gr.), Teil Aquatische Biologie	SS 4P
03-032 2	Integriertes Grundpraktikum II: Biologie (in 3 Gr.), Teil Tierkenntnis	SS 4P
03-032 3	Integriertes Grundpraktikum II: Biologie (in 3 Gr.), Teil Pflanzenkenntnis	SS 4P
03-005	Umgang mit komplexen Systemen	WS 2V

(d) Empfohlen

03-016	Seminar für UNW	SS 1S

A.3 Grundstudium im 2. Jahr

Nr.	Lehrveranstaltung	Sem./ Wochenstd.

(a) Fächer der Semesterprüfungen (zwei Noten)

03-203	Chemie II Integrierte Chemie II	WS 3G
03-222	Einführung in die Umweltchemie	SS 2G
03-023	Umwelt III und IV Umwelt III: Biosphäre	WS 2G
03-024	Umwelt IV: Stoffwechsel d. Anthroposphäre	SS 2G

(b) Obligatorische Prüfungsfächer (vier Fächer)
(Prüfungen in den ordentlichen Prüfungssessionen)

91-103	Mathematische Grundlagen II Mathematik III	WS 4G
70-161	Systemanalyse I (Allg. Systemtheorie)	WS 2G
03-062	Systemanalyse II (Naturwiss. Anwendungen)	SS 2G
95-043	Physik Physik I	WS 4V + 1U
95-044	Physik II	SS 4V + 1U
03-245	Allgemeine und Ökologische Biologie Ökologische und Allgemeine Biologie I	WS 3V
03-246	Ökologische und Allgemeine Biologie II	SS 2V

	Ökonomie	
03-755	Ökonomie f. Umweltnaturwissenschaftler I	WS 2G
03-756	Ökonomie f. Umweltnaturwissenschaftler II	SS 2G

(c) Obligatorische Lehrveranstaltungen: Testatpflicht für U, G, P, S

03-033 1	Integriertes Grundpraktikum III: Physik	WS 4P
03-033 2	Integriertes Grundpraktikum III: Physikalische Chemie	WS 4P
03-033 3	Integriertes Grundpraktikum III: Beobachtungsnetze	WS 4P
03-034 1	Integriertes Grundpraktikum IV: Mikrobiologie	SS 3P
03-034 2	Integriertes Grundpraktikum IV: Einführung in die Humanbiologie	SS 3P
03-034 3	Integriertes Grundpraktikum IV: Pflanzenphysiologie	SS 3P
03-034 4	Integriertes Grundpraktikum IV: Terrestrische Ökologie	SS 3P
03-034 5	Integriertes Grundpraktikum IV: Einführung in die Toxikologie	SS 1G
03-034 6	Integriertes Grundpraktikum IV: Toxikologie	SS 1/2 Wo P
03-007	Soziale Kommunikation	WS 1V
03-007	Kommunikationstraining	WS/SS 2V

(d) Empfohlen

03-002	Einführung ins Fachstudium	SS 1K

A.4 Fachstudium

A.4.1 Obligatorische Lehrveranstaltungen für alle

Obligatorische Lehrveranstaltungen mit Semesterprüfungen

Nr.	Lehrveranstaltung	Sem.	Wochenstd.
03-025	Umwelt V	5	2G
03-026	Umwelt VI	6	2V
91-674	Mathematik IV: Einführung statistische Datenanalyse	6	4G

Integriertes Praktikum für Fortgeschrittene

03-036	Integriertes Praktikum für Fortgeschrittene (Fallstudie) I	8	8G
03-037	Integriertes Praktikum für Fortgeschrittene (Fallstudie) II	9	8G

Obligatorisch ist die Teilnahme an einer Fallstudie, die im 8. und 9. Semester im Umfang von je 8 G ausgeführt wird. Im Rahmen der Fallstudie wird eine Beurteilung der Leistung vorgenommen und im Diplomzeugnis vermerkt.

Praxis
03-042   E in die Berufspraxis   5   2V
03-041   Praxis   7 (i.d.R.)

Die Dauer der Berufspraxis beträgt ein Semester bzw. mindestens 15 Wochen. Sie wird in der Regel im 7. Semester oder den flankierenden Semesterferien absolviert; Ausnahmen von dieser Regel können vom Abteilungsvorsteher bewilligt werden. Voraussetzung für die Zulassung zur Praxis ist das bestandene 2. Vordiplom. Der Nachweis der geleisteten Praxis ist eine Voraussetzung für die Erteilung des Schlußdiploms. Über Fragen im Zusammenhang mit der Praxis orientiert der Praxisberater in einer Einführung während des 5. Semesters. Der Praxisberater führt ein Praxisstellenregister. Die Wahl der Praxisstelle steht dem Studierenden im Rahmen des Praxisstellenregisters frei. Die Wahl soll mit dem Praxisberater besprochen werden. Möchte ein Studierender eine nicht im Stellenregister verzeichnete Praxisstelle annehmen, so schlägt er dies dem Praxisberater vor. Dieser entscheidet im Einverständnis mit den Fachberatern, ob die Praxis auf der vorgeschlagenen Stelle absolviert werden kann.
Während der Praxis ist ein Praxisjournal zu führen. Zum Abschluß der Praxis ist ein Bericht anzufertigen, in welchem Ablauf und Stand des Projekts dargestellt werden. Dieser Bericht ist vom Praxisbetrieb zu visieren.
Der Studierende wird während der Praxis von einem Fachdozenten und dem Praxisberater betreut, welche dem Abteilungsvorsteher den Antrag auf Anerkennung der Praxis stellen.

Diplomarbeit

Die Diplomarbeit wird im Fach der Fachvertiefung abgelegt und behandelt ein Thema im gewählten Umweltsystem. Die Arbeit in Gruppen ist möglich.
Die Diplomarbeit kann nach Wahl des Diplomanden nach vollendetem 9. Studiensemester begonnen werden, in der Regel unmittelbar im Anschluß an die letzte der drei Fachprüfungen „Fachvertiefung", „Umweltsozialwissenschaften" und „Umwelttechnik". Sie ist innerhalb von vier Monaten auszuführen; Ausnahmen (z. B. bei Feldversuchen) bewilligt der Abteilungsvorsteher.
Vorgängig zur Diplomarbeit ist im Fach der Diplomarbeit ein Praktikum im Umfang von 8 SWS zu absolvieren.
Sämtliche am Fachstudium beteiligte Professoren und Privatdozenten können als Betreuer ausgewählt werden. Diplomarbeiten außerhalb des Schulratsbereiches, z. B. in der Industrie, sind möglich, müssen aber durch den Abteilungsvorsteher bewilligt werden.

A.4.2 Fachvertiefung und Ausbildung in einem Umweltsystem

Zu Beginn des 5. Semesters hat sich jeder Studierende für eine der unten aufgeführten Fachvertiefungen zu entscheiden sowie eines der nach den jeweiligen Fachvertiefungen aufgeführten Umweltsysteme. Eine Übersicht über die

46 U. Müller-Herold

bestehenden Standard-Kombinationen wird in der Grafik auf Seite 33 gegeben. Der Abteilungsvorsteher kann davon abweichende Kombinationen bewilligen.

Fachvertiefung Chemie

Die Fachvertiefung Chemie besteht aus vier Teilgebieten. In der untenstehenden Tabelle sind die obligatorischen Lehrveranstaltungen der entsprechenden Gebiete aufgeführt.

Nr.	Lehrveranstaltung	Sem.	Wochenstd.
	Analytische Chemie		
40-051	Analytische Chemie I	5	3G
40-058	Analytische Chemie II	6	3G
40-041	Analytische Chemie III	9	3G
	testatpflichtig aber nicht geprüft:		
40-057.1	Praktikum Analytische Chemie	8/9	16P
	Aquatische Chemie		
03-215	Aquatische Chemie I	5	4G
03-216	Aquatische Chemie II	6	2G
	testatpflichtig aber nicht geprüft:		
03-219	Praktikum aquatische Chemie	5	4P
	Umweltchemie		
03-224	Organische Umweltchemie I	6	2G
03-226	Organische Umweltchemie II	8	2G
03-227	Organische Umweltchemie III	9	2G
03-232	E Atmosphärenchemie	8	2V + 1U
	Weitere Lehrveranstaltungen		
03-207	Theoret. GL der Umweltchemie II	5	3G
00-007.3	Bio IV: Allg. Mikrobiologie	5	2V
03-204	Organische Chemie II für UNW	6	5G
03-229	Seminar in Umweltchemie	10	1S

Ausbildung in einem Umweltsystem

Die systembezogenen Lehrveranstaltungen werden im 5. bis 10. Semester belegt. Obligatorisch sind total 12 G. Davon dürfen – falls die Anzahl obligatorischer Lehrveranstaltungen dies erlaubt – bis zu 4 G aus einem anderen als dem ausgewählten Umweltsystem oder, in Absprache mit dem Systemberater, andere vertiefenden Lehrveranstaltungen gewählt werden. – Die folgenden Umweltsysteme und dazugehörende obligatorische Lehrveranstaltungen stehen zur Auswahl:

Nr.	Lehrveranstaltung	Sem.	Wochenstd.
	Aquatische Systeme		
03-421	E in die Physik aquatischer Systeme	WS	2V
00-713	Biologie aquatischer Lebensräume	SS	2V
08-602	GZ der Hydrologie oder	SS	2G
20-216	Hydrologie	SS	2V

Übersicht Fachvertiefung Chemie

	5. Semester	6. Semester	7. Sem.	8. Semester	9. Semester	10. Semester
	Umweltsystem	Umweltsystem		Umweltsystem E in die Atmosphärenchemie 2 V u. 1 U	Umweltsystem Org. Umweltchemie III 2 G	
	Allg. Mikrobiologie 2 V Theoret. GL der Umweltchemie II 3 G	Organische Chemie für UNW 5 G		Org. Umweltchemie II 2 G	Praktikum Analytische Chemie 8 P	
	Praktikum Aquatische Chemie I 4 P	Org. Umweltchemie I 2 G	Berufspraxis	Praktikum Analytische Chemie 8 P		*Diplomarbeit*
		Aquatische Chemie II 2 G			Analytische Chemie III 3 G	
	Aquatische Chemie I 4 G	Analytische Chemie II 3 G		Integriertes Praktikum 8 G	Integriertes Praktikum 8 G	
	Analytische Chemie I 3 G	Mathematik IV (Statistik) 4 G				
	Umwelt V 2 G	Umwelt VI 2 V				
	Umweltsozialwissenschaft/ Umwelttechnik 4 G u. 4 A	Umweltsozialwissenschaft/ Umwelttechnik 4 G u. 4 A		Umweltsozialwissenschaft/ Umwelttechnik 4 G u. 4 A	Umweltsozialwissenschaft/ Umwelttechnik 4 G u. 4 A	
						Seminar 1 S
	GeistesW 2 V	GeistesW 2 V		GeistesW 2 V	GeistesW 2 V	GeistesW 2 V

☐ Obligatorisch für alle   ▨ Vertiefung   ▣ System

Atmosphäre

Nr.	Lehrveranstaltung	Sem.	Wochenstd.
04-218	E in die dynamische und synoptische Meteorologie 6		2G
03-233	Spezi. Meth. d. Atmosphärenchemie 9		2G
04-205	E in die Meteorologie und in die Atmosphärenphysik 9		2V

Terrestrische Systeme

Nr.	Lehrveranstaltung	Sem.	Wochenstd.
71-311	Bodenkunde	WS	2V
60-714	Bodenphysik I	SS	2V
03-524	Bodenbiologie: Prozesse oder	SS	2G
71-316	Bodenbiologie: (Zoologie und Mikrobiologie)	SS	2V
03-523	Terrestrische Ökosysteme	WS	2G
	vorläufig ersetzt durch:		
00-305	Vegetation der Erde	WS	2V
03-521	Angewandte Ökologie (terrestr.)	WS	2G
	vorläufig ersetzt durch:		
03-235	Natürliche und anthropogene atmosphärische Einflüsse auf Pflanzen und Tiere	WS	2G
03-298	Bioindikation	SS	1G

Geosphäre

Nr.	Lehrveranstaltung	Sem.	Wochenstd.
07-101	Stratigraphie und Erdgeschichte I	WS	2V
07-124	Geologie der Schweiz	SS	2V
07-021	Sedimentologie	WS	2V

Anthroposphäre

Nr.	Lehrveranstaltung	Sem.	Wochenstd.
00-363	Umwelthygiene I	WS	2G
00-364	Umwelthygiene II	SS	2G
72-404	Lebensmitteltoxikologie	SS	2V
00-552	Blockkurs II in Toxikologie: Aktuelle Fallbeispiele für Fortgeschrittene	WS	2V

Ausbildung in Mathematischen Methoden

Die für die Ausbildung im Umweltsystem erforderlichen 12 V oder 12 G können teilweise oder vollumfänglich aus dem Lehrangebot „Mathematische Methoden" abgedeckt werden.

Die folgenden obligatorischen Lehrveranstaltungen müssen besucht werden:

Nr.	Lehrveranstaltung	Sem.	Wochenstd.
35-237	Simulationstechnik I	WS	4G
37-711	Technik der Datenverarbeitung	WS	2V + 1U
90-683	Statistische Methoden	WS	2V + 1U

Weitere Lehrveranstaltungen in „Mathematischen Methoden" können in Absprache mit dem Berater aus einer Liste ausgewählt werden.

Fachvertiefung Chemie-Mikrobiologie

Die Fachvertiefung Chemie-Mikrobiologie besteht aus vier Teilgebieten. In der untenstehenden Tabelle sind die obligatorischen Lehrveranstaltungen der entsprechenden Gebiete aufgeführt.

Nr.	Lehrveranstaltung	Sem.	Wochenstd.
	Mikrobiologie		
00-007.3	Bio IV: Allg. Mikrobiologie	5	2V
00-008.3	Bio IV: Stoffwechsel der Mikroorganismen	8	2V
01-161	Mikrobielle Genetik u. Regulation I	9	2V
03-254	Angewandte Mikrobiologie testatpflichtig aber nicht geprüft	8	2V
03-259	Umweltchemisch-mikrobiologisches Praktikum	9	12P
03-250	Mikrobiologisches Seminar	10	1S
	Umweltchemie		
03-224	Organische Umweltchemie I	6	2G
03-226	Organische Umweltchemie II	8	2G
03-227	Organische Umweltchemie III	9	2G
	Analytische und aquatische Chemie		
40-051	Analytische Chemie I	5	3G
40-058	Analytische Chemie II	6	3G
03-215	Aquatische Chemie I testatpflichtig aber nicht geprüft	5	4G
03-219	Praktikum aquatische Chemie	5	4P
	Weitere Lehrveranstaltungen		
03-207	Theoretische GL der Umweltchemie II	5	3V
03-204	Organische Chemie II für UNW	6	5G
00-007.1	Bio IV: Biochemie I (Stoffwechsel)	5	2V
00-008.1	Bio IV: Biochemie II (Allg. Biochem. und Enzymologie)	6	2V

Ausbildung in einem Umweltsystem

Die systembezogenen Lehrveranstaltungen werden im 5. bis 10. Semester belegt. Obligatorisch sind 12 G. Davon dürfen – falls die Anzahl obligatorischer Lehrveranstaltungen dies erlaubt – bis zu 4 G aus einem anderen als dem ausgewählten Umweltsystem oder, in Absprache mit dem Systemberater, andere vertiefenden Lehrveranstaltungen gewählt werden.
Die folgenden Umweltsysteme und die dazugehörenden obligatorischen Lehrveranstaltungen stehen zur Auswahl:

Nr.	Lehrveranstaltung	Sem.	Wochenstd.
	Aquatische Systeme		
03-421	E in die Physik aquatischer Systeme	WS	2V
00-713	Biologie aquatischer Lebensräume	SS	2V
08-602	GZ der Hydrologie oder	SS	2G
20-216	Hydrologie	SS	2V

Übersicht Fachvertiefung Chemie-Mikrobiologie

	5. Semester	6. Semester	7. Sem.	8. Semester	9. Semester	10. Semester
SWS						
40						
					Umweltsystem	
					Organ.Umwelt-chemie III 2 G	
	Umweltsystem				Umweltche-misch-Mikro-biologisches Praktikum 12 P	
30	Biochemie I 2 V	Umweltsystem		Umweltsystem		
	Theoret. GL der Umwelt-chemie 3 V	Bio IV: Bio-chemie II 2 V				
		Organische Chemie für UNW 5 G	Berufspraxis	Organ.Umwelt-chemie II 2 G		
	Praktikum aquatische Chemie 4 P			Angewandte Mikrobiol. 2 V		
20	Aquatische Chemie I 4 G	Analytische Chemie II 3 G		Stoffwechsel der Mikroorganismen 2 V	Mikrobielle Gene-tik und Regulation 2 V	*Diplomarbeit*
	Analytische Chemie I 3 G	Organ.Umwelt-chemie I 2 G		Integriertes Praktikum 8 G	Integriertes Praktikum 8 G	
		Mathematik IV (Statistik) 4 G				
	Allg. Mikro-biologie 2 V					
	Umwelt V 2 G	Umwelt VI 2 V				
10	Umweltsozial-wissenschaft/ Umwelttechnik 4 G u. 4 A	Umweltsozial-wissenschaft/ Umwelttechnik 4 G u. 4 A		Umweltsozial-wissenschaft/ Umwelttechnik 4 G u. 4 A	Umweltsozial-wissenschaft/ Umwelttechnik 4 G u. 4 A	
						Mikrobiologie 1 S
	GeistesW 2 V	GeistesW 2 V		GeistesW 2 V	GeistesW 2 V	GeistesW 2 V

☐ Obligatorisch für alle    Vertiefung   ▓ System

Umweltnaturwissenschaften 51

Nr.	Lehrveranstaltung	Sem.	Wochenstd.
	Terrestrische Systeme		
71-311	Bodenkunde	WS	2V
60-714	Bodenphysik I	SS	2V
03-524	Bodenbiologie: Prozesse oder	SS	2G
71-316	Bodenbiologie: (Zoologie und Mikrobiologie)	SS	2V
03-523	Terrestrische Ökosysteme	WS	2G
	vorläufig ersetzt durch:		
00-305	Vegetation der Erde	WS	2V
03-521	Angewandte (terrestr.) Ökologie	WS	2G
	vorläufig ersetzt durch:		
03-235	Natürliche und anthropogene atmosphärische Einflüsse auf Pflanzen und Tiere	WS	2G
03-298	Bioindikation	SS	1G
	Anthroposphäre		
00-363	Umwelthygiene	WS	2G
00-364	Umwelthygiene II	SS	2G
72-404	Lebensmitteltoxikologie	SS	2V
00-552	Blockkurs II in Toxikologie: Aktuelle Fallbeispiele für Fortgeschrittene	WS	2V

Ausbildung in Mathematischen Methoden

Die für die Ausbildung im Umweltsystem erforderlichen 12 V oder 12 G können teilweise oder vollumfänglich aus dem Lehrangebot „Mathematische Methoden" abgedeckt werden. Die folgenden obligatorischen Lehrveranstaltungen müssen besucht werden:

Nr.	Lehrveranstaltung	Sem.	Wochenstd.
35-237	Simulationstechnik	WS	4G
37-711	Technik der Datenverarbeitung	WS	2V + 1U
90-683	Statistische Methoden	WS	2V + 1U

Weitere Lehrveranstaltungen in „Mathematischen Methoden" können in Absprache mit dem Berater aus einer Liste ausgewählt werden.

Fachvertiefung Physik

Die Fachvertiefung Physik besteht aus untenstehenden Teilgebieten. In der Tabelle sind die obligatorischen Lehrveranstaltungen der entsprechenden Gebiete aufgeführt.

Nr.	Lehrveranstaltung	Sem.	Wochenstd.
	Mathematik und Physikalische Chemie		
03-171	Math. Methoden der Umweltphysik	5	4G
03-207	Theoretische GL der Umweltchemie II	5	3G
	Allgemeine Physik		
04-261	Fluid Dynamics	5	3G

52 U. Müller-Herold

Übersicht Fachvertiefung Physik

	5. Semester	6. Semester	7. Sem.	8. Semester	9. Semester	10. Semester
SWS 40 —						
30 —	Umweltsystem	Umweltsystem		Umweltsystem	Umweltsystem	
	Physikvorlesung freier Wahl 2 V	Ergänzendes physikalisches Praktikum für UNW 10 P				
	Umweltgeophysik 2 G					
	E in die Physik aquat.Systeme 2 V		Berufspraxis			
	Fluid Dynamics 3 G					*Diplomarbeit*
20 —	Theoret.Grundlagen der Umweltchemie 3 G	Physik III 4 G				
				Integriertes Praktikum	Integriertes Praktikum	
	Mathematische Methoden der Umweltphysik 4 G	Mathematik IV (Statistik) 4 G		8 G	8 G	
	Umwelt V 2 G	Umwelt VI 2 V				
10 —	Umweltsozialwissenschaft/ Umwelttechnik 4 G u. 4 A	Umweltsozialwissenschaft/ Umwelttechnik 4 G u. 4 A		Umweltsozialwissenschaft/ Umwelttechnik 4 G u. 4 A	Umweltsozialwissenschaft/ Umwelttechnik 4 G u. 4 A	
	GeistesW 2 V	GeistesW 2 V		GeistesW 2 V	GeistesW 2 V	GeistesW 2 V

☐ Obligatorisch für alle   ▨ Vertiefung   ▨ System

95-094	Physik III	6	4G
	Allgemeine Physikvorlesung nach freier Wahl im Umfang von mindestens 2 SWS (WS oder SS, Liste mit Empfehlungen beim Berater) testatpflichtig aber nicht geprüft:		
03-159	Ergänzendes physikal. Prakt. für UNW	6	10P

Umweltphysik

03-421	E in die Physik aquatischer Systeme	5	2V
03-472	Umweltgeophysik	5	2G

Aquatische Systeme
oder
Atmosphäre
oder
Terrestrische Systeme
oder
Geosphäre
oder
Mathematische Methoden

Geprüft werden die Lehrveranstaltungen, welche in den untenstehenden Listen der obligatorischen Systemlehrveranstlungen mit ● bezeichnet sind.

Ausbildung in einem Umweltsystem

Die systembezogenen Lehrveranstaltungen werden im 5. bis 10. Semester belegt. Obligatorisch sind 32 SWS. In Ergänzung zu den obligatorisch aufgeführten Lehrveranstaltungen können auch Lehrveranstaltungen aus einem anderen als dem gewählten Umweltsystem oder, in Absprache mit dem Systemberater, andere vertiefende Lehrveranstaltungen gewählt werden. Die folgenden Umweltsysteme und dazugehörende obligatorische Lehrveranstaltungen stehen zur Auswahl:

Nr.	Lehrveranstaltung	Sem.	Wochenstd.
	Aquatische Systeme		
00-702	Chemie natürlicher Gewässer	SS	2V
00-713	Biologie aquatischer Lebensräume	SS	2V
00-007.3	Bio IV: Allg. Mikrobiologie	5	2V
07-034	E in die physikalische Ozeanographie	6	1V
08-602	GZ der Hydrologie	SS	2G
●03-457	Physikal. Limnologie und Ozeanographie I	9	2V + 1U
●03-458	Physikal. Limnologie und Ozeanographie II	8	2V + 1U
●03-426	Mathematische Modellierung aquatischer Systeme	SS	2G + 2A
03-459	Praktikum in aquatischer Physik und Hydrologie	SS,8	8P

- Obligatorische Lehrveranstaltungen der vierten Einzelprüfung der Fachvertiefung Physik

	Atmosphäre		
03-232	Einführung in die Atmosphärenchemie	SS	2V + 1U
03-233	Spez. Meth. der Atmosphärenchemie	WS	2G
●04-201	Atmosphärenphysik I	5	2V + 1U
●04-202	Atmosphärenphysik II	6	2V + 1U
●04-203	Atmosphärenphysik III	9	2V
04-209	Praktikum in die Atmosphärenphysik und Klimatologie für UNW	8	8P
04-218	E in die dynamische und synoptische Meteorologie	6	2G
03-415	GZ und Meth. der Strahlungsklimatologie	9	2G
08-564	Physikalische Globalklimatologie	8	2V

- Obligatorische Lehrveranstaltungen der vierten Einzelprüfung der Fachvertiefung Physik

	Terrestrische Systeme		
00-702	Chemie natürlicher Gewässer	SS	2V
●00-343	Bodenchemie	5	2V
00-011.2	Bio V: Ökologie I (Geobotanik)	5	2V
●60-714	Bodenphysik I	SS	2V
●03-504	Bodenphysik II	8	2V
03-509	Praktikum in Bodenphysik	8	8P
08-602	GZ der Hydrologie	SS	2G
03-524	Bodenbiologie: Prozesse oder	SS	2G
71-316	Bodenbiologie (Zoologie und Mikrobiologie)	SS	2V
03-523	Terrestrische Ökosysteme vorläufig ersetzt durch:	WS	2G
00-305	Vegetation der Erde	WS	2V

- Obligatorische Lehrveranstaltungen der vierten Einzelprüfung der Fachvertiefung Physik

	Geosphäre		
07-101	Stratigraphie und Erdgeschichte I	WS	2V
07-431	Allgemeine Hydrogeologie	WS	1V + 1U
07-124	Geologie der Schweiz	SS	2V
●07-501	Geophysik I	5	3G
●07-503	Geophysik II	5	2G
●07-505	Geophysikalischer Geländekurs	5	3P
●07-502	Geophysik II	SS	4G
07-537	E in die Reflexionsseismik	WS	2G
03-479	Praktikum in Umweltgeophysik	8	5P

- Obligatorische Lehrveranstaltungen der vierten Einzelprüfung der Fachvertiefung Physik

Ausbildung in Mathematischen Methoden

Die für die Ausbildung in Umweltsystem erforderlichen 32 SWS können teilweise oder vollumfänglich aus dem Lehrangebot „Mathematische Methoden" abgedeckt werden. – Die folgenden obligatorischen Lehrveranstaltungen müssen besucht werden:

Nr.	Lehrveranstaltung	Sem.	Wochenstd.
35-237	Simulationstechnik I	WS	4G
37-711	Technik der Datenverarbeitung	WS	2V + 1U
90-683	Statistische Methoden	WS	2V + 1U

Weitere Lehrveranstaltungen in „Mathematischen Methoden" können in Absprache mit dem Berater aus einer Liste ausgewählt werden.

Fachvertiefung Biologie

Die Fachvertiefung Biologie besteht aus vier Teilgebieten. In der untenstehenden Tabelle sind die obligatorischen Lehrveranstaltungen der entsprechenden Gebiete aufgeführt.

Nr.	Lehrveranstaltung	Sem.	Wochenstd.
	Umweltbiologie		
(03-281)	Umweltbiologie I		
	provisorisch bestehend aus:		
00-011.2	Bio V: Ökologie I (Geobotanik)	5	2V
71-477	Ökologie der Insekten	5	2V
00-321	Ökologische Pflanzengenetik	5	1V
03-277	Ethologie und Wildforschung	5	2V
(03-282)	Umweltbiologie II		
	provisorisch bestehend aus:		
00-713	Biologie aquatischer Lebensräume	6	2V
03-298	Bioindikation	8	1G
	testatpflichtig aber nicht geprüft:		
(03-293)	Umweltbiologisches Praktikum I		
	provisorisch bestehend aus:		
03-285	Ethologie und Wildforschung (Praktikum)	5	3P
00-357	Angew. Pflanzensoziologie I	5	1V
60-737	Quantitative Methoden der Standortskunde I	5	2G
(03-294)	Umweltbiologisches Praktikum II		
	provisorisch bestehend aus:		
03-294.1	Faunistisch-ökologisches Prakt.	6	4P
00-358	Angew. Pflanzensoziologie II	6	2G
00-018.2	Bodenkundlich-pflanzensoziologische Exkursionen	6	2Exk

Übersicht Fachvertiefung Biologie

	5. Semester	6. Semester	7. Sem.	8. Semester	9. Semester	10. Semester
SWS						
40—						
	Physiologie I				Umweltsystem	
30—	4 V	Umweltsystem				
	Allg. Mikrobiologie 2 V			Umweltsystem		
	Naturschutz I 1 V	Naturschutz II 1 G			Stadt-Ökologie 1 G	
	Quant.Ökologie I 1G	Quant.Ökologie I 1G		Schadstoffanalytik 2 G	Mikrobiologisch-umweltchemisches Praktikum	
	Umweltbiologisches Praktikum I	Umweltbiologisches Praktikum II	Berufspraxis	Stoffwechsel der Mikroorganismen 2 V		
20—	3 P 2 V 1 G	4 P 2 G 2 Exk		Quantitative Oekolgie II 2 G	8 G	*Diplomarbeit*
	Umweltbiologie I	Umweltbiologie II 2 V		Umweltbiol. II 1 G		
	7 V	Mathematik IV (Statistik) 4 G		Integriertes Praktikum	Integriertes Praktikum	
				8 G	8 G	
	Umwelt V 2 G	Umwelt VI 2 V				
10—	Umweltsozialwissenschaft/ Umwelttechnik	Umweltsozialwissenschaft/ Umwelttechnik		Umweltsozialwissenschaft/ Umwelttechnik	Umweltsozialwissenschaft/ Umwelttechnik	
	4 G u. 4 A	4 G u. 4 A		4 G u. 4 A	4 G u. 4 A	
						Umweltbiologie 1 S
	GeistesW 2 V	GeistesW 2 V		GeistesW 2 V	GeistesW 2 V	GeistesW 2 V

☐ Obligatorisch für alle   ▨ Vertiefung   ▓ System

Umweltnaturwissenschaften

	Ökologie		
(03-302)	Quantitative Ökologie I		
	provisorisch bestehend aus:		
03-533	Interpretation pflanzenökologischer Daten	5	1G
03-314	Planung und Durchführung pflanzenökologischer Untersuchungen	6	1G
03-304	Quantitative Ökologie II	8	2G
00-351	Natur- und Landschaftsschutz I	5	1V
00-352	Natur- und Landschaftsschutz II	6	1G
	Mikrobiologie		
00-007.3	Bio IV: Allg. Mikrobiologie	5	2V
00-008.3	Bio IV: Stoffwechsel der Mikroorganismen	8	2V
	testatpflichtig, aber nicht geprüft:		
03-260	Mikrobiologisch-umweltchemisches Praktikum	9	8G
	Weitere Lehrveranstaltungen		
03-262	Schadstoffe und Schadstoffanalytik	8	2G
00-105	Physiologie I	5	4V
	testatpflichtig, aber nicht geprüft		
03-311	Stadt-Ökologie	9	1G
03-299	Seminar in Umweltbiologie	10	1S
	speziell empfohlen		
90-683	Statistische Methoden	WS	2V + 1U

Ausbildung in einem Umweltsystem

Die systembezogenen Lehrveranstaltungen werden im 5. bis 10. Semester belegt. Obligatorisch sind 12 G. Davon dürfen – falls die Anzahl obligatorischer Lehrveranstaltungen dies erlaubt – bis zu 4 G aus einem anderen als dem gewählten Umweltsystem oder, in Absprache mit dem Systemberater, andere vertiefenden Lehrveranstaltungen gewählt werden. Die folgenden Umweltsysteme und dazugehörende obligatorische Lehrveranstaltungen stehen zur Auswahl:

Nr.	Lehrveranstaltung	Sem.	Wochenstd.
	Aquatische Systeme		
00-702	Chemie natürlicher Gewässer	SS	2V
00-707	Angew. Limnologie (1 Woche)	WS	2G
03-421	E in die Physik aquatischer Systeme	WS	2V
03-442	Ökologie aquatischer Lebensräume	8	2V
03-444	Fische: Biologie, Ökologie, Ökonomie	SS	2G
	Terrestrische Systeme		
71-311	Bodenkunde	WS	2V
71-316	Bodenbiologie (Zoologie und Mikrobiologie)	SS	2V
03-523	Terrestrische Ökosysteme	WS	2G
	vorläufig ersetzt durch:		

00-305	Vegetation der Erde	WS	2V
03-521	Angewandte (terrestr.) Ökologie	WS	2G
	vorläufig ersetzt durch:		
03-235	Natürliche und anthropogene atmosphärische Einflüsse auf Pflanzen und Tiere	WS	2G
60-714	Bodenphysik I	SS	2V

Anthroposphäre

00-363	Umwelthygiene I	WS	2G
00-364	Umwelthygiene II	SS	2G
	und		
00-552	Blockkurs II in Toxikologie: Aktuelle Fallbeispiele für Fortgeschrittene	WS	2V
72-404	Lebensmitteltoxikologie	SS	2V
	oder		
40-073	Einführung in die Radiochemie	WS	2V
03-654	Radioaktivität und Umwelt (Voraussetzung: Einführung in die Radiochemie)	SS	2V
	oder		
03-687	Arbeitsphysiologie	WS	2G
03-688	Arbeitsmedizin	SS	2G
	oder		
00-631	Organisation u. Biologie d. Verhaltens I	WS	2V + 0,5S
00-632	Organisation u. Biologie d. Verhaltens II	SS	2V

Ausbildung in Mathematischen Methoden

Die für die Ausbildung im Umweltsystem erforderlichen 12 V oder 12 G können teilweise oder vollumfänglich aus dem Lehrangebot „Mathematische Methoden" abgedeckt werden. Die folgenden obligatorischen Lehrveranstaltungen müssen besucht werden:

Nr.	Lehrveranstaltung	Sem.	Wochenstd.
35-237	Simulationstechnik I	WS	4G
37-711	Technik der Datenverarbeitung	WS	2V + 1U
90-683	Statistische Methoden	WS	2V + 1U

Weitere Lehrveranstaltungen in „Mathematischen Methoden" können in Absprache mit dem Berater aus einer Liste ausgewählt werden.

A.4.3 Ausbildung in Umweltsozialwissenschaften

Allgemeine Bestimmungen

Die umweltsozialwissenschaftlichen Lehrveranstaltungen werden im 5. bis 9. Semester belegt. Der Studierende wählt aus einem oder zwei der unten folgenden Blöcke Lehrveranstaltungen im Umfang von 8 SWS. In einem der gewählten Blöcke ist eine selbständige Arbeit im Umfang von 8 SWS zu leisten. Dies kann eine Semesterarbeit, Seminararbeit, Fallstudie, Literaturzusammenstellung, Übung, Umfrage oder ähnliches sein, die sich auch über die Semesterferien und mehrere Semester erstrecken kann. Nach Absprache mit den Dozenten können Einzel- oder Gruppenarbeiten gemacht werden. Die Zusammenarbeit mit anderen geistes-, sozial- oder naturwissenschaftlichen Disziplinen ist möglich.

Die wählbaren Blöcke im einzelnen

Übersicht über die angebotenen Lehrveranstaltungen:

Nr.	Lehrveranstaltung	Sem.	Wochenstd.
Philosophie und Ethik der Mensch-Umwelt-Beziehung			
03-701	Philosophische Aspekte der Mensch-Umwelt-Beziehung	WS	2G
03-703	Ethik und Umwelt	WS	2G
03-704	Philosophische Texte zur Umweltproblematik	SS	1S
03-705	Lektüre von Texten zur Ethik	WS	2S
03-708	Wissenschaft, Technik, Umwelt	SS	2G
03-712	Weltbilder und Naturverständnis in verschiedenen Kulturen	SS	2G
03-105	Interdisziplinäres geistes- und sozialwissenschaftliches Seminar	WS	2S

Themen für selbständige Arbeiten können beim Fachberater oder bei beteiligten Dozenten erfragt werden.

Psychologie und Soziologie der Mensch-Umwelt-Beziehung

03-722	Umweltpsychologie	SS	2G
03-723	Grundlagen menschlichen Verhaltens: Methoden und Ergebnisse psycholog. Forschung	WS	2G
03-725	Umweltveränderung u. sozialer Wandel	WS	2V
03-727	Humanökologische Aspekte der Internationalen Entwicklungszusammenarbeit	WS	2G
08-812	Humanökologie II	SS	2G
03-015	Interdisziplinäre geistes- und sozialwissenschaftliches Seminar	WS	2S

Themen für selbständige Arbeiten können beim Fachberater oder bei beteiligten Dozenten erfragt werden.

Recht, Politik und Ökonomie für Umweltnaturwissenschaften

03-741	Fälle z. Umwelt- u. Raumplanungsrecht	WS	2G
03-748	Umweltpolitik (mit Gastreferenten)	SS	2G
20-447	Nationalplanung	WS	1V
12-701	Allgemeines Verwaltungsrecht	WS	1V + 1K
12-707	Raumplanungsrecht	WS	1V + 1K
12-713	Wasser- und Energierecht	WS	1V
12-722	Sachen- und Obligationenrecht	SS	2V

12-726	Sachen- und Obligationenrecht	SS	1U
35-846	Wirtschaftswachstum und Umwelt	SS	2G
12-633	Energieökonomik	WS	2G
80-054	Einführung in die Agrarwirtschaft II	SS	2G
19-015	Nutzung und Erhaltung natürlicher Ressourcen: Waldökosysteme	WS	2G
03-015	Interdisziplinäres geistes- und sozialwissenschaftliches Seminar	WS	2S

Themen für selbständige Arbeiten können beim Fachberater oder bei beteiligten Dozenten erfragt werden.

A.4.4 Ausbildung in Umwelttechnik und Umweltnutzung

Allgemeine Bestimmungen

Die Lehrveranstaltungen in Umwelttechnik und Umweltnutzung werden im 5. bis 9. Semester belegt. Der Studierende wählt aus einem oder zwei der unten folgenden Blöcke Lehrveranstaltungen im Umfang von 8 SWS. In einem der gewählten Blöcke ist eine selbständige Arbeit im Umfang von 8 SWS zu leisten. Nach Absprache mit dem Dozenten können Einzel- oder Gruppenarbeiten gemacht werden.

Die wählbaren Blöcke im einzelnen

Übersicht über die angebotenen Lehrveranstaltungen:

Nr.	Lehrveranstaltung	Sem.	Wochenstd.

Landwirtschaft und Umwelt (Zur Zeit in Bearbeitung, weitere Information beim Berater)

71-231	GL der Agrarmarktpolitik	WS	2V
03-821	Tier-Umwelt-Interaktionen	WS	3G
03-851	Aktuelle Probleme der Landwirtschaft	SS	2S

Themen für selbständige Arbeiten können beim Fachberater oder bei beteiligten Dozenten erfragt werden.

Siedlungswasserbau

20-615	Siedlungswasserbau GZ I	WS	4G
20-267.1	GL der Wassertechnologie	WS	2V + 1U
20-287	Biological Wastewater Treatment	WS	1V

Themengebiete für selbständige Arbeiten:
- Beschreibung der Ausfällung von $MgNH_4PO_4$ aus dem Faulwasser der Schlammbehandlung bei Zudosierung von Magnesiumchlorid bzw. Magnesiumoxid und Phosphorsäure
- Biologische Mobilisierung und Entfernung der Schwermetalle aus Klärschlamm
- Biologische Effekte stoßartiger Schmutzstoffeinleitungen in Fließgewässer unter Berücksichtigung der Sauerstoffzehrung

- Karstwasser in Porrentruy – eine Fallstudie, Hydrogeologie, Wasserangebot, Trinkwasseraufbereitung
- Grundwasser im Tösstal oder in Rheinau

Zusätzliche Information und eine Kurzbeschreibung dieser Themen können beim Fachberater oder bei beteiligten Dozenten erfragt werden.

Raum- und Umweltplanung

83-815	Raumplanung GZ	WS	4G
03-923	Behandlung v. Information i. d. Planung WS		2G
	Voraussetzung 83-815 Raumplanung GZ		
19-112	Landschaft II: Landschaftsplanung	SS	2G
	Voraussetzung 83-815 Raumplanung GZ		
08-814	GZ der ökologischen Planung (UVP)	SS	2G

Themengebiete für selbständige Arbeiten:
- Landschaftsbewertung (Eignungs-, Empfindlichkeits- und Schutzwürdigkeitsbewertungen)
- Ökologische Wirkungs- und Konfliktanalysen (Analyse und Beurteilung der Einwirkung von Vorhaben auf die Umwelt und die Raumfunktion)
- Schutzplanung auf lokaler Ebene (Erstellung von kommunalen Naturinventaren, Schutzkonzepten, Realisierungen usw.)
- Erholungsplanung auf lokaler Ebene
- Umweltverträglichkeitsprüfung im Zusammenhang mit Straßenbau, Tourismus, Abbau (Kies, Stein), Deponien, bezogen auf ausgewählte Aussagenbereiche (z. B. Boden, Vegetation, Tierwelt bzw. Natur- und Landschaftsschutz, Gewässerschutz, Erholung usw.)

Zusätzliche Informationen können beim Fachberater oder bei beteiligten Dozenten erfragt werden.

Forstwirtschaft und Umwelt

71-817	E Forstwirtschaft (mit Exk.)	WS	2V
	oder		
81-646	E in das Forstwesen	SS	2G
19-015	Nutzung und Erhaltung natürlicher Ressourcen: Waldökosysteme	WS	2G
60-926	Forstgeschichte	SS	2V

Themengebiete für selbständige Arbeiten:
- Möglichkeiten und Probleme der Walddüngung
- Chemie und Forstschutz
- Klärschlammausbringung im Wald
- Gebirgswaldbau, Tourismus und Landschaftsschutz
- Zusammenhänge zwischen Wald- und Klimaentwicklung
- Sihlwald
- Energiebilanz der schweizerischen Forstwirtschaft
- Bodennutzungskonflikte zwischen Waldwirtschaft, Landwirtschaft und Indutrie (z. B. Kiesabbau) und ihre ökologische Bedeutung

Informationen zu konkreten Themen können beim Fachberater oder bei beteiligten Dozenten erfragt werden.

Materialkreisläufe: Rohstoffe, Produkte, Abfall

03-941	Stoffhaushalt der Anthroposphäre	WS	2V + 1U
03-944	Verfahrenstechnik und Ökonomie in Entsorgungssystemen	SS	2G
	Voraussetzung: 03-941 Stoffhaushalt der Anthroposphäre		

Themengebiete für selbständige Arbeiten:
- Beurteilung und Planung regionaler Ressourcen- und Abfallbewirtschaftung
- Planung und Durchführung von Meßprogrammen zur Erfassung von Stoffflüssen in der Anthroposphäre
- Vorbereitung von Unterlagen für unternehmerische und politische Entscheidungen in bezug auf umweltverträgliche Güter und Prozesse

Informationen zu konkreten Themen können beim Fachberater erfragt werden.

Energiesysteme

03-961	Erneuerbare Energien	WS	2V + 1U
03-962	Energietechnik und Umwelt	SS	2V + 1K
34-465	Technische Energiennutzung von Biomasse	WS	2V

Themengebiete für selbständige Arbeiten können beim Fachberater oder bei beteiligten Dozenten erfragt werden.

Sicherheit und Risikoanalyse

00-363	Umwelthygiene I	WS	2G
00-364	Umwelthygiene II	SS	2G
03-695	Arbeitssicherheit	WS	2G
03-981	Prozeß-Sicherheit und -Ökologie	WS	2G

Themen für selbständige Arbeiten können beim Fachberater oder bei beteiligten Dozenten erfragt werden.

A.5 Prüfungen

Allgemeine Bestimmungen

Es gibt drei Prüfungsstufen: Erste Vordiplomprüfung, Zweite Vordiplomprüfung, Schlußdiplomprüfung mit Diplomarbeit.
Die Prüfungen umfassen hauptsächlich den Stoff, der in den Vorlesungen (V) oder gemischten Lehrveranstaltungen (G) vermittelt wird. Für die Zulassung zu einer Prüfungsstufe sind die Testate der zu einem Prüfungsfach gehörenden oder obligatorisch erklärten Lehrveranstaltungen vom Unterrichtstyp U, G, P, S und die Absolvierung der Semesterprüfungen Voraussetzung.

Testatpflicht

Die Testatpflicht ist wie folgt geregelt: Das Schlußtestat setzt aktive Teilnahme des Studierenden an der betreffenden Lehrveranstaltung oder Studienarbeit voraus. Der zuständige Dozent bestätigt mit dem Schlußtestat die ordnungsgemäße Erledigung von Übungen, Praktika, Semesterarbeiten, Exkursionen usw. Sofern diese Bestandteil von obligatorischen Prüfungsfächern bilden, sind sie ohne besondere Bezeichnung im Studienplan dann testatpflichtig, wenn der zuständige Dozent dies durch Bekanntgabe seiner Bedingungen verlangt. Bei nicht mit Prüfungsfächern gekoppelten Übungen, Praktika und Semesterarbeiten, Exkursionen usw. weist gegebenenfalls die Kennzeichnung im Studienplan und im Semesterprogramm auf die Testatpflicht hin.
Veranstaltungen mit Semesternoten sind nicht testatpflichtig.

Prüfungsarten

Die Prüfungen sind entweder als Semester- oder Sessionsprüfungen abzulegen. Semesterprüfungen werden während des Semesters nach der Anordnung des zuständigen Dozenten abgelegt. Sie können schriftliche oder mündliche Testergebnisse, Bewertungen von Berichten und andere geeignete Arten der Leistungsbewertung umfassen.
Sessionsprüfungen werden zeitlich vom Rektorat festgesetzt und organisiert. Sie finden am Ende der Semesterferien statt. Sie können schriftlich, mündlich oder kombiniert abgenommen werden.

Prüfungsergebnis

Eine Vordiplomprüfung hat bestanden, wer im Durchschnitt aller Noten mindestens 4,0 erreicht hat. Die Schlußdiplomprüfung hat bestanden, wer in Semester- und Fachprüfungen die Durchschnittsnote 4,0 und in der Diplomarbeit die Note 4,0 erreicht hat.

Prüfungswiederholung

Bei Nichtbestehen einer Prüfungsstufe sind alle Sessionsprüfungen zu wiederholen. Ungenügende Semesterprüfungen können nach Wahl der Kandidaten vor der betreffenden Session wiederholt werden. Besteht die Note einer Semesterprüfung aus mehreren Teilnoten, so kann sich die Wiederholung auf die Teilprüfung mit ungenügender Note beschränken. Im Falle von Nachprüfungen von Semesterprüfungen gilt die bessere Note als Prüfungsergebnis.
Besteht ein Kandidat die theoretische oder praktische Prüfung der Schlußdiplomprüfung nicht, so muß derjenige Teil wiederholt werden, in welchem die Durchschnittsnote bzw. Note 4,0 nicht erreicht ist.

Vordiplomprüfungen

Die erste Vordiplomprüfung kann frühestens vor Beginn des dritten Semesters, die zweite Vordiplomprüfung vor Beginn des fünften Semesters abgelegt werden. Alle Noten haben einfaches Gewicht.
Die Prüfungsfächer können mündlich, schriftlich oder kombiniert geprüft werden. Die Prüfungsart wird vom Dozenten bestimmt.
Die Semesterprüfungen werden nach Anordnung der zuständigen Dozenten abgelegt und können Erfahrungsnoten, Testergebnisse, Bewertung von Berichten usw. umfassen nach einem Punktsystem, das den Kandidaten bekanntgegeben wird.

Schlußdiplomprüfung

Die Schlußdiplomprüfung setzt sich aus folgenden Bestandteilen zusammen:
(a) Semesterprüfungen,
(b) vier Fachprüfungen in den gewählten Studienfächern,
(c) Diplomarbeit.

Die Anmeldung zu Fachprüfungen oder Diplomarbeiten wird nur entgegengenommen, wenn der Kandidat folgende Voraussetzungen erfüllt:
– Nachweis der Absolvierung des Integrierten Praktikums für Fortgeschrittene (Fallstudie) und der obligatorischen Berufspraxis.
– Für jedes Prüfungsfach eine vom entsprechenden Fachberater unterschriebene Prüfungszulassung.
Der Fachberater achtet darauf, daß der Kandidat die allgemeinen Bestimmungen der einzelnen Studienfächer eingehalten hat.

In bestimmten für alle obligatorischen Lehrveranstaltungen werden Semesterprüfungen durchgeführt. Der Durchschnitt der Einzelprüfungen erscheint als einfach zählende Note im Schlußdiplomzeugnis. Eine theoretische Prüfung erfolgt in folgenden Fächern:
(a) Vertiefungsrichtung mit doppelt zählender Note
(b) Umweltsystem mit doppelt zählender Note
(c) Umweltsozialwissenschaften
(d) Umwelttechnik

Die Prüfungen der obengenannten Fächer (a), (c) und (d) erfolgen während den regulären Prüfungssessionen; es müssen jedoch nicht alle 3 Fächer in der gleichen Session absolviert werden. Sobald die notwendigen Voraussetzungen in einem der Fächer erfüllt sind, kann die Prüfung abgelegt werden. Nach der Notenkonferenz wird dem Kandidaten die Note einer vorgezogenen Fächerprüfung mitgeteilt. Ungenügende Fächerprüfungen (Note unter 4,0) dürfen einmal wiederholt werden. Dabei zählt die bessere der beiden erzielten Noten. Die Prüfung im Fach (b) Umweltsystem erfolgt in der gleichen Prüfungssession, in welcher die Diplomarbeit abgegeben wird.

Die Prüfung in der Vertiefungsrichtung besteht aus verschiedenen Einzelprüfungen, welche schriftlich oder mündlich durchgeführt werden. Die Note entspricht dem Durchschnitt der Einzelprüfungen.
Die Prüfung im gewählten Umweltsystem erfolgt in Form einer integrierten schriftlichen und mündlichen Prüfung, die sich auch auf das Fach der Diplomarbeit erstreckt.
In den Fächern „Umweltsozialwissenschaften" bzw. „Umwelttechnik und Umweltnutzung" wird bei zwei Dozenten, bei welchen mindestens eine 2stündige Lehrveranstaltung besucht worden ist, je eine 30minütige mündliche Prüfung abgelegt. Der Besuch von weiteren 4 SWS muß mit Testaten nachgewiesen werden. Die Note im Schlußdiplom ist die Mittelnote aus der Note für die selbständige Arbeit/Semesterarbeit (bei einer Gruppenarbeit ist diese Note im allgemeinen für alle Gruppenmitglieder dieselbe) und der Note der mündlichen Prüfung.

A.6 Zusätzliche Ausbildungsmöglichkeiten

Ausbildung für das höhere Lehramt

Für Studierende und Absolventen der Abteilung für Umweltnaturwissenschaften, welche sich einer pädagogischen Zusatzprüfung zur Erlangung des Fähigkeitsausweises für das höhere Lehramt nach Maßgabe des anwendbaren Diplomprüfungsregulatives unterziehen wollen, ist der Besuch der Lehrveranstaltungen gemäß folgendem Studienplan obligatorisch:

Nr.	Lehrveranstaltung	Sem.	Wochenstd.

Für alle Richtungen
(Prüfungsfächer)

12-145	Allgemeine Didaktik	WS	2V
12-146	Allgemeine Didaktik	SS	2G
12-143	Pädagogik	WS	1V
12-144	Pädagogik	SS	1G

Für Richtung Biologie
(für Absolventen der Vertiefungsrichtung Biologie)

00-911	Mittelschulbiologie I	WS	3G
00-912	Mittelschulbiologie II	SS	3G
	Unterrichtspraktikum an schweizerischer Mittelschule		

Für Richtung Chemie
(für Absolventen der Vertiefungsrichtungen Chemie und Chemie-Mikrobiologie)

00-953	Didaktik des Chemieunterrichts	WS	2U
00-954	Didaktik des Chemieunterrichts	SS	1K + 1U
00-951	Probleme der Mittelschulchemie	WS	2V
00-956	Probleme der Mittelschulchemie	SS	1K
	Unterrichtspraktikum an schweizerischer Mittelschule		

Für die Richtung Physik
(für Absolventen der Vertiefungsrichtung Physik)

95-900	Spezielle Didaktik des Physikunterrichts		2G
	Unterrichtspraktikum an schweizerischer Mittelschule oder Kantonalem Technikum		

Pädagogische Zusatzprüfung

Auf Antrag der Abteilungskonferenz wird diplomierten Naturwissenschaftlern, welche eine besondere pädagogische Prüfung bestanden haben, der Fähigkeitsausweis für das höhere Lehramt im Lehrfach Biologie oder Chemie oder Physik erteilt. Inhaber eines ETH-Diploms anderer Abteilungen, welche sich über längeren erfolgreichen Unterricht an einer Mittelschule ausweisen können, werden nur in besonderen Fällen und nach Ablegung einer fachlichen Zusatzprüfung zugelassen. Absolventen einer anderen Hochschule, deren Diplom im Umfang und Inhalt demjenigen der Abteilung für Umweltnaturwissenschaften der ETHZ gleichwertig ist, werden unter von Fall zu Fall festzulegenden Bestimmungen (Zusatzprüfung und Absolvierung bestimmter Kurse) zugelassen. Zusatzprüfungen und Bedingungen für die Zulassung von Absolventen anderer Abteilungen und Hochschulen werden vom Abteilungsvorsteher nach Rücksprache mit den beteiligten Professoren festgelegt.

Zulassungsvoraussetzungen

Die pädagogische Prüfung kann frühestens mit der Schlußdiplomprüfung und spätestens vier Jahre danach abgelegt werden. Ausnahmen können nur für solche Bewerber gemacht werden, welche bereits mit Erfolg an Mittelschulen unterrichtet haben.

Folgende diplomierte Absolventen der Abteilung für Umweltnaturwissenschaften werden zugelassen:

(a) Als Kandidaten für den Fähigkeitsausweis im Lehrfach Biologie: Absolventen mit Vertiefung in Biologie, durch Testat ist der Besuch der Vorlesung „Molekularbiologie und Biophysik I" der Abteilung XA nachzuweisen.

(b) Als Kandidaten für den Fähigkeitsausweis im Lehrfach Chemie: Absolventen mit Vertiefung in Chemie oder Chemie-Mikrobiologie.

(c) Als Kandidaten für den Fähigkeitsausweis im Lehrfach Physik: Absolventen mit Vertiefung in Physik, falls sie eine entsprechende Ausbildung in den Grundlagen der Physik nachweisen können; der Abteilungsvorsteher legt die Zulassungsbedingungen nach Rücksprache mit den beteiligten Professoren im Einzelfall fest.

Für Kandidaten, welche den Fähigkeitsausweis in mehr als einem Lehrfach zu erwerben wünschen, legt der Abteilungsvorsteher gemeinsam mit den Fachdozenten Zusatzprüfungen und Zusatzausbildungen fest.

Der Anmeldung zur pädagogischen Prüfung sind eventuelle Zeugnisse über Unterricht in naturwissenschaftlichen Fächern an Mittelschulen beizulegen. Ferner ist der vom Abteilungsvorsteher bestätigte Ausweis über die obligatorischen Studien gemäß Studienplan einzureichen.

Prüfung

Die pädagogische Prüfung besteht in zwei Probelektionen, eventuell mit anschließendem Kolloquium, und in mündlichen Prüfungen in Pädagogik und in Allgemeiner Didaktik. Die Prüfung wird als bestanden erklärt, wenn sowohl der Durchschnitt der Noten für die Probelektionen als auch der Durchschnitt der Noten für die beiden mündlichen Prüfungen mindestens 4,0 betragen. Eine nicht bestandene Prüfung kann einmal, und zwar frühestens nach einem Semester, wiederholt werden. In den Prüfungen ist neben den Examinatoren auch der Abteilungsvorsteher oder ein von ihm bezeichneter Experte anwesend. Bei der Bewertung der Probelektionen ist auch der Klassenlehrer mitsprache- und stimmberechtigt. Bei der Wiederholung von Probelektionen muß zusätzlich der Dozent für „Pädagogik" oder der Dozent für „Allgemeine Didaktik" zugegen sein. Er ist ebenfalls stimmberechtigt.

Nachdiplomstudien

Das Lehrangebot der gesamten ETH bietet die Möglichkeit zur Weiterbildung nach dem Diplom. Der Nachdiplom-Student kann seinen Interessen und Neigungen entsprechend einen Studienplan zusammenstellen. Als Hörer kann er beliebige Lehrveranstaltungen besuchen. Insbesondere steht dieser Weiterbildungsweg Absolventen offen, die schon in der Praxis tätig sind. In gewissen Spezialgebieten wird ein Nachdiplomstudium mit genau umschriebenen Lehrinhalten angeboten (siehe Semesterprogramm). Über deren Besuch kann ein besonderer Ausweis ausgestellt werden. An der Abteilung für Umweltnaturwissenschaften kann ein Nachdiplomstudium in Naturwissenschaften mit individuellem Stundenplan absolviert werden, das durch einen besonderen Ausweis der Abteilung bescheinigt wird.

Doktorat

Das Doktorat ist das wichtigste Weiterbildungsstudium an der ETH. Die Abteilung für Umweltnaturwissenschaften und die mit ihr verbundenen Forschungsinstitute bieten erfolgreichen Absolventen des Diplomstudiums Gelegenheit zur Ausarbeitung einer Dissertation mit dem Ziel der Erlangung der Würde eines Doktors der Naturwissenschaften (Dr. sc. nat.) oder Doktors der Technischen Wissenschaften (Dr. sc. techn.). Zur Bewerbung dazu sind Inhaber eines ETH-Diploms oder eines gleichwertigen Diploms einer anderen Hochschule zugelassen.

Kulturgeschichte
und naturwissenschaftliche Ausbildung

Erfahrungen und Ausblicke auf ein Forschungszentrum
an der Universität Augsburg

J. Brüning

Einleitung

An der Universität Augsburg ist ein interdisziplinäres Forschungszentrum „Historische Bibliotheken in Augsburg" geplant. Diese Planung wird zunächst dargestellt, mit ihren spezifischen Grundlagen und Perspektiven. Im Licht einiger allgemeiner Bemerkungen zur Rolle geisteswissenschaftlicher Denkweisen in den mathematischen Naturwissenschaften wird dann erläutert, in welcher Weise das Forschungszentrum einen Beitrag zur interdisziplinären Ausbildung leisten kann. Dabei werden auch die bisherigen Ansätze und Erfahrungen in Augsburg resümiert.

Die Situation in Augsburg

1) Die Universität Augsburg zählt zu den jungen Universitäten in Bayern, mit nunmehr fast 11000 Studenten wohl aber auch schon zu den etablierten. Seit der Gründung 1970 entstanden nacheinander die Wirtschafts- und Sozialwissenschaftliche, die Katholisch-Theologische und die Juristische Fakultät, zwei Philosophische Fakultäten und schließlich – 1983 – die Naturwissenschaftliche Fakultät. Diese letztere umfaßt bisher nur die Fächer Mathematik, mit starken Schwerpunkten in der Reinen wie der Angewandten Mathematik, Geographie und, seit 1988, Angewandte Physik. Die fachübergreifenden Aspekte naturwissenschaftlicher Ausbildung, von denen zu reden sein wird, beziehen sich daher vorwiegend auf die Mathematik. Für sich genommen ist die Mathematik nach ihrem Gegenstand sicher eine reine, wenn nicht die reinste Geisteswissenschaft. Das Mathematikstudium in Augsburg ist jedoch sehr anwendungsorientiert, so daß zwangsläufig naturwissenschaftliche und technische Inhalte in die Ausbildung einfließen. Insofern stellt sich die Frage nach interdisziplinären Bemühungen auch in Augsburg.

2) Das in der Struktur der Universität Augsburg angelegte Übergewicht der Geisteswissenschaften legt den Gedanken an ein interdisziplinäres Forschungszentrum nahe, um die vorhandene Kapazität zu strukturieren und durch Synergieeffekte zu erhöhen. Die Gunst der Geschichte hat Augsburg außerdem mit einem auf mehrere Bibliotheken verteilten Bücherschatz beschenkt, der die ideale Grundlage für ein Forschungszentrum (mit dem Arbeitstitel „Historische Bibliotheken in Augsburg") darstellt. Ich möchte die wesentlichen Merkmale des Altbestandes kurz beschreiben. Bei den genannten Bibliotheken handelt es sich um die Bibliothek der Fürsten von Oettingen-Wallerstein, die 1980 vom Freistaat Bayern angekauft und der Universität Augsburg übergeben wurde, und um die Staats- und Stadtbibliothek Augsburg, sowie einige kleinere Bibliotheken im näheren Umfeld mit z. T. sehr wertvollen Beständen. In grober Übersicht umfassen die Bestände ca. 5200 Handschriften, 3800 Inkunabeln (50% aller bekannten Inkunabeln befinden sich in Bayern), 55000 Drucke des 16. Jahrhunderts und 174000 Drucke vor 1800. Nach diesen quantitativen Merkmalen liegt der Bibliotheksstandort Augsburg an sechster Stelle in der Bundesrepublik Deutschland; eine ausführlichere Beschreibung der Bestände findet sich in E. Lapp: Katalogsituation der Altbestände (1501–1850) in Bibliotheken der Bundesrepublik Deutschland einschließlich Berlin (West) dbi-Materialien 82, Deutsches Bibliotheksinstitut, Berlin 1989. Was den Standort auszeichnet, ist aber die besondere Qualität der Bestände. Sie ist darin zu sehen, daß das historische Wachstum weitgehend nachvollziehbar ist, über Klosterbibliotheken und Sammlungen von Humanisten und Kaufleuten bis hin zur Fürstenbibliothek. Eine Folge dieses ungestörten Wachstums (fast ohne Kriegsverluste) sind zahlreiche bedeutende Spezialsammlungen wie Erasmusdrucke (570), reformatorische Drucke (ca. 1000) und volkssprachliche Ausgaben antiker Klassiker. Damit bieten sich hervorragende Möglichkeiten zu rezeptions- und mentalitätsgeschichtlichen Studien, mit einem deutlichen Schwerpunkt für die Zeit vom 14.–16. Jahrhundert im süddeutschen Raum.

Forschung an und mit diesem Buchbestand hat es natürlich schon gegeben, entsprechend den Forschungsinteressen der in Augsburg tätigen Wissenschaftler. Einige Beispiele möchte ich zur Illustration kurz erwähnen.

(a) Rekonstruktion der Klosterbibliothek Kirchheim am Ries: Nach 1803 sind die Bestände des Klosters zu einem großen Teil in die Oettingen-Wallersteinsche Bibliothek übergegangen. Sie reichen aus, um den größten Teil der Bestände zu rekonstruieren; daraus lassen sich interessante landes- und kulturgeschichtliche Rückschlüsse ziehen.
(b) Gemerkbuch und Schulordnung der Augsburger Meistersinger im 17. Jahrhundert: Das Gemerkbuch ist einzigartig dadurch, daß die gemachten Fehler beim Vortrag im einzelnen aufgeführt wurden; darüber hinaus ergeben sich detaillierte Einblicke in die soziale Zusammensetzung der Meistersinger-Gesellschaft.
(c) Deutschsprachige bürgerliche Trauerspiele der Zeit von 1750 bis 1800: Die Bibliothek Oettingen-Wallerstein verfügt über nicht weniger als 1500 Dramen der genannten Art. Ihre Auswertung im großen Maßstab ermöglicht es, die literarische Konstitution des Bürgertums ebenso wie die heraufziehende Krise detailliert zu verfolgen.

Die Planung des Forschungszentrums ist mittlerweile weitgehend abgeschlossen. Dabei orientieren wir uns sowohl an den Sonderforschungsbereichen der DFG wie an der Herzog-August-Bibliothek in Wolfenbüttel, mit der eine enge Zusammenarbeit angestrebt wird. Ein Kernpunkt werden die Editionen sein, wobei neben wissenschaftliche Monographien auch gut kommentierte Nachdrucke treten sollen. Ein anderer Schwerpunkt wird die elektronische Erfassung wissenschaftlicher Daten in geeigneten Datenbanken sein. Dies ist einer der erhofften synergetischen Effekte und von eminenter Bedeutung auch deshalb, weil große Teile der Bibliotheken nicht durch brauchbare Kataloge erschlossen sind. Gemessen an den Kosten für einen Lehrstuhl in Experimentalphysik ist das geplante Forschungszentrum ein „billiges" Projekt; dennoch bleibt abzuwarten, ob und wie schnell es verwirklicht werden kann.

Wenn wir den Blick noch weiter in die Zukunft richten, so erscheint ein solches Zentrum als ideale Grundlage für ein Graduiertenkolleg, aber auch unterhalb dieser Ebene sind Impulse für die Ausbildung zu erwarten. Was insbesondere im Zusammenhang der mathematisch-naturwissenschaftlichen Ausbildung getan werden kann, wollen wir etwas detaillierter erörtern.

Fachübergreifende Aspekte mathematisch-naturwissenschaftlicher Ausbildung in Augsburg

1) Einige grundsätzliche Bemerkungen möchte ich vorausschicken. Hermann Weyl, einer der großen Mathematiker und Naturwissenschaftler dieses Jahrhunderts, hat sich zum Stil mathematischer Abhandlungen einmal folgendermaßen geäußert:

> Die zwingende Genauigkeit, deren das mathematische Denken fähig ist, hat manche zu einem Stil geführt, der den Leser in eine grell erleuchtete Zelle einschließt, wo jede Kleinigkeit mit schwindelnder Helligkeit ohne Relief hervorsticht. Ich liebe die offene Landschaft unter einem heiteren Himmel mit tiefer Perspektive, wo der Reichtum naher, scharfer Details langsam zum Horizonte verschwindet.

Dieses schöne Bild der Fülle von Details in klarer, heiterer Perspektive – der Blick aus dem Arbeitszimmer in Goethes Gartenhaus kommt unwillkürlich in den Sinn – scheint mir auch heute noch zutreffend ein Wissenschaftsideal zu beschreiben, das breite Zustimmung finden wird. Die unaufhörlich anwachsende Flut der Details hat andererseits ganz zweifellos einen Verlust an Perspektive zur Folge. Dies gilt auch für die Mathematik, obwohl sie allen anderen Wissenschaften gegenüber den Vorzug hat, daß ihre Ergebnisse immer richtig bleiben, so daß über die Jahrtausende hinweg ihr Wissensgebäude unaufhörlich und (scheinbar) harmonisch anwächst. Als einen Beleg unter vielen führe ich eine Sitzung des NSF Advisory Committee vom April 1989 an; im Bericht heißt es:

> Perhaps the most uncomfortable topic was the question of setting priorities among areas of mathematics. The general consensus seemed to be that no one has a sufficiently broad understanding of all fields of mathematics to set funding priorities among different areas of research. At present, the way research funds are alloceted to the various programs ... is based mostly on tradition ... (in: Notives of the American Mathematical Society 36: 540, 1989).

Drei wesentliche Ursachen für diesen zunehmenden Mangel an Perspektiven möchte ich benennen, die nicht spezifisch für die mathematischen Wissenschaften sind.

Zunächst und ganz offensichtlich leiden alle Wissenschaftler unter einem ständig zunehmenden *Informationsdruck*. Die Fülle der Publikationen steigt so gewaltig an, daß auch kleinere Fachgebiete nicht mehr zu überblicken sind. Organisatorische Maßnahmen können hier kaum helfen, so daß die häufig gewählte Konsequenz der Rückzug auf engste Fragestellungen ist, mit dem zu recht beklagten Endzustand des „to know everything about nothing".

Mit ursächlich für die Masse der Veröffentlichungen ist der *Publikationsdruck*. Neben dem Konkurrenzverhalten der verschiedenen „scientific communities" wird dieser Druck ausgelöst von der Tatsache, daß Publikationszahlen einen leicht handhabbaren Qualitätsmaßstab liefern. Er wird – wenn natürlich auch nicht ausschließlich – angelegt beim Eintritt in die Hochschullehrerlaufbahn und bei der Verteilung von Drittmitteln. Die eingeworbenen Drittmittel andererseits werden offenbar zunehmend zum wichtigen Qualitätsmerkmal eines Wissenschaftlers; es sei angemerkt, daß von den Drittmitteln auch auf Diplomanden und Doktoranden eine erhebliche Wirkung ausgeht. Daß der Zwang zur Publikation Perspektiven verstellen muß, versteht sich von selbst.

Schließlich beobachtet man in letzter Zeit ein neuartiges Phänomen, das ich *Komplexitätsdruck* nennen möchte. Ich meine damit, daß in vielen Fächern die Forschungsgegenstände wie die Ergebnisse eine solche Kompliziertheit erreicht haben, daß Kommunikation und Rezeption in Frage stehen. Ein Beispiel aus der Mathematik mag dies belegen: es wurde kürzlich gezeigt, daß es nur 26 Individuen einer bestimmten mathematischen Spezies gibt (nämlich der sporadischen einfachen Gruppen). Der vollständige Beweis ist auf viele Zeitschriftenaufsätze verschiedener Autoren verteilt, die zusammen einen Umfang von mehreren Tausend Seiten haben. Es besteht somit die Gefahr, daß die Forschungsfront sich ablöst vom tradierbaren Wissen und mit ihren Protagonisten verschwindet. Tatsächlich hat einer der bedeutendsten Mathematiker der Gegenwart kürzlich sein Arbeitsgebiet gewechselt, weil die Kompliziertheit der anstehenden Fragen auf dem Niveau von Doktorarbeiten nicht mehr zu bewältigen ist. Eine andere wichtige Quelle des Komplexitätsdruckes ist die ständige Überschreitung von Fachgrenzen, die von den Gegenständen selbst erzwungen wird.

Wie ist dem entgegenzuwirken? Die eben genannten Ursachen sind kaum abzustellen, so daß man nur auf Gegenkräfte bauen kann. Zentral scheint mir dabei die Frage nach der *Bedeutung* von Ergebnissen zu sein, die sich nicht bei greller Beleuchtung, sondern nur bei Anordnung in weiträumiger Landschaft zu zeigen vermag. Die Bedeutung kann auch niemals im einzelnen Beweis oder Experiment selbst liegen, sondern nur in einem geeigneten Kontext. Zwangsläufig wird die Suche nach Bedeutungen sich der sicheren Deduktion entziehen, auf die die mathematischen Naturwissenschaften so stolz sind, dennoch erscheint sie unerläßlich. Tatsächlich liegt ja dem gesamten Begutachtungsverfahren der Forschungsförderung ein solcher subjektiver

Bewertungsprozeß zugrunde, er ist also etabliert und könnte auch zur allgemeinen Tugend erhoben werden.
Um hier Mißverständnissen vorzubeugen: ich denke nicht an Gremien, die mit der Aufgabe der Bedeutungsfindung ex officio, als oberste Sinnstifter, zu etablieren wären. Es geht darum, die Frage nach Bedeutungen zu legitimieren und zum anerkannten Bestandteil naturwissenschaftlich-mathematischer Diskussion zurückzubefördern. Dem ansonsten (zumindest im Idealfall) streng sachlichen und jederzeit nachprüfbaren Gespräch mischt sich dann ein bewußt hinzunehmender subjektiver Faktor bei, der bei richtiger Gesprächsdisziplin aber erhellend im Sinne Weyls wirken wird, und der, wie ich meine, den oben beschriebenen Problemen entgegenwirken kann. Ein etablierter Bewertungsprozeß wird dem Leser die Informationsflut strukturieren und den von ihr ausgehenden Druck mildern. Der Autor auf der anderen Seite könnte sich ermutigt fühlen, eher die Bedeutung als die Anzahl seiner Publikationen zu erhöhen.
Damit eng verbunden ist das vorherrschende Bild von schöpferischen Prozessen. In den Naturwissenschaften hat sich die Vorstellung durchgesetzt, daß entscheidende Durchbrüche mit konzentrierter Anstrengung von (vorwiegend jungen) Wissenschaftlern in verhältnismäßig kurzer Zeit erreicht werden. Die Belege für diese These sind so zahlreich, daß andere Möglichkeiten schöpferischer Tätigkeit dadurch überdeckt und praktisch vergessen werden. Aber auch in den Naturwissenschaften und in der Mathematik ist der Prozeß des langjährigen Sammelns von Fakten, der wiederholten Anverwandlungsversuche in spiralförmiger Annäherung an komplexe Zusammenhänge wirksam und erfolgreich; das Oeuvre von Hermann Weyl bietet dafür sehr schöne und bewußt ausgesprochene Belege. Mit einer Aufwertung dieser mehr traditionell-geisteswissenschaftlichen Arbeitsweise würde auch eine höhere Wertschätzung wirklich brauchbarer Lehrbücher auf allen Ebenen einhergehen, was allein der oben beschriebenen Abtrennung der Forschungsfront vom lehrbaren Stoff wirksam entgegenwirken kann. Am Rande sei hier noch vermerkt, daß die Forderung nach Freiheit der Forschung viel Legitimation gewinnt, wenn man die Metamorphosen einer Fragestellung durch ein erfolgreiches Lebenswerk hindurch verfolgt. Die ursprünglichen Ziele und Zwecke sind im Endresultat oft nicht mehr zu erkennen, dies allein bleibt aber im Bewußtsein der Nachwelt haften.
Es scheint daher, daß eine Rückbesinnung der mathematischen Naturwissenschaften auf erprobte Grundsätze geisteswissenschaftlicher Arbeit dem beschriebenen Verlust an Perspektive entgegenwirken

kann. Dem möchte ich als zweite Grundtugend die Dialogfähigkeit zur Seite stellen, womit – in einem engen Sinne – die Bereitschaft verstanden sein soll, mit Nachbardisziplinen ins Gespräch zu kommen, um zuzuhören, zu lernen und eigenes Wissen weiterzugeben. Dies, scheint mir, ist ein hervorragendes Mittel um dem schnellen Wandel der Erkenntnisse zu folgen, denn aufmerksam geführte Gespräche können ein sehr effektiver Weg des Wissenserwerbes sein. Zum anderen ist diese Fähigkeit unerläßlich, um die ständigen „Grenzüberschreitungen" innerhalb der Fächer mitvollziehen zu können. Als ein Beispiel nenne ich die immer intensivere „Wiedervereinigung" von Mathematik und (Theoretischer) Physik, die in den letzten 15 Jahren zu beobachten ist; eine der führenden Zeitschriften in meinem eigenen Fach, der Globalen Analysis, trägt den Titel „Communications in Mathematical Physics" und ist bibliothekstechnisch üblicherweise dem Fach Physik zugeordnet.

Es bleibt nun zu fragen, wie durch curriculare Veränderungen die Entwicklung der Fähigkeit zur Perspektive und zum Dialog systematisch gefördert werden kann. Wir haben bisher in Augsburg einige Experimente unternommen, die ermutigend verlaufen sind und die weitere Planung beeinflussen. Davon soll abschließend die Rede sein.

2) Die Bekanntschaft mit geisteswissenschaftlicher Arbeit und der Aufbau modellartiger Perspektiven läßt sich am einfachsten erreichen durch Veranstaltungen zur Geschichte der Mathematik. Es hat sich als besonders wirkungsvoll erwiesen, wenn eine solche Vorlesung (z. B. Geschichte der Analysis) in Verbindung mit den Grundvorlesungen, also im ersten Studienjahr, angeboten wird. Der Zuspruch und die Reaktion der Studenten zeigen, daß hier einem Bedürfnis entsprochen wird. Schwierigkeiten bereiten uns dabei noch die Fragen einer „optimalen" Stoffauswahl und einer aktiven Beteiligung der Studenten; die starke Belastung des Anfängerstudiums setzt einen sehr engen zeitlichen Rahmen. Das nächste Problem liegt in der Fortsetzung solcher Veranstaltungen, ggf. auf höherer Ebene, im weiteren Verlauf des Studiums. Die Mathematik in Augsburg kann durch Vorgabe des Studienplanes nur wenig Kapazität frei vergeben, so daß an eine regelmäßige Einplanung historischer oder philosophischer Veranstaltungen im Augenblick nicht zu denken ist. An dieser Stelle erhoffen wir Hilfe vom geplanten Forschungszentrum: weil die sehr reichhaltige Geschichte der Naturwissenschaften der frühen Neuzeit im Augsburger Raum noch weitgehend unerforscht ist, sind gerade auf diesem Gebiet systematische Anstrengungen vorgesehen. Daraus werden sich nahezu

zwangsläufig regelmäßige Aktivitäten in Form von Vorträgen, Vorlesungen und Seminaren ergeben, aber auch Möglichkeiten zur Mitarbeit an einzelnen Projekten.
Darüber hinaus muß man natürlich versuchen, den Vorlesungs- und Seminarstil im Sinne des Weylschen Bildes zu verändern, wobei man sich darüber klar sein muß, daß die Anforderungen an die Studenten wachsen. Das geschilderte Anliegen wird von den Augsburger Kollegen immerhin so ernstgenommen, daß für ein geplantes Graduiertenkolleg in Mathematik die Integration verschiedener mathematischer Schwerpunkte und der Einbau von philosophischen und historischen Veranstaltungen angestrebt wird. Außerdem wird seit einem Jahr regelmäßig ein Kolloquium mit dem Titel „Überblicke Mathematik" angeboten, das auf studentische Hörer zugeschnitten ist und größere Gebiete in den Grundzügen beschreibt. Auch hier ist die Resonanz unter den Teilnehmern sehr gut.
Abschließend noch einige Worte zur Dialogfähigkeit. Ein gut geeignetes Mittel zu ihrer Förderung sind interdisziplinäre Seminare; bisher konnten sie mangels geeigneter Partner zwar noch nicht durchgeführt werden, mit der beginnenden Physik wird sich das aber ändern. Als sehr förderlich für das gegenseitige Verständnis hat sich auch das Industriepraktikum erwiesen, das für alle Augsburger Mathematikstudenten Pflicht ist. Die steigende Zahl von Diplomarbeiten, die auf Anregungen aus der Industrie zurückgehen, belegt dies deutlich.

Erfahrungen mit transdisziplinären Vorlesungen an der Universität Basel

W. Arber

Die Ansprüche an die akademische Ausbildung an unseren Hochschulen werden heute weitgehend von der zunehmenden Fülle verfügbaren Wissens bestimmt. Der fachlichen Spezialisierung wird dadurch immer mehr Vorschub geleistet. Dies hat zur Folge, daß es vielen Studenten kaum mehr möglich ist, den Blick über ihr gewähltes Fachgebiet hinausschweifen zu lassen. Einerseits fehlt dazu in vielen Studiengängen ganz einfach die Zeit. Andererseits sind die Lehrveranstaltungen in vielen Wissensgebieten heute so anspruchsvoll geworden, daß sie für Generalisten, die sich ein Grundverständnis von breiten Gebieten unserer Zivilisation aneignen möchten, kaum nützlich sein können. Mit zunehmender Tiefe der wissenschaftlichen Fachausbildung geht mehr und mehr der universelle Charakter der akademischen Ausbildung verloren.

Der fachlich hochspezialisierte Akademiker kann die reellen Anforderungen seines beruflichen Alltags nur teilweise erfüllen. Während er fachspezifische Fragen meist mit hoher Kompetenz zu lösen versteht, können ihm komplexe, vielschichtige Probleme große Mühe bereiten. Zu deren Lösung sind oft interdisziplinäre Ansätze notwendig. Interdisziplinäres Arbeiten muß aber erlernt werden. Zunächst gehört dazu die Einsicht, daß verschiedene Fachdisziplinen oft verschiedenartige Arbeitsstrategien befolgen. Für den erfolgreichen interdisziplinären Dialog ist denn auch die Kenntnis von Grundzügen, Hauptinhalten und Denkweisen der anderen Disziplinen eine wichtige Voraussetzung, und man muß sich auch sprachlich gegenseitig verständigen können.

Gerade weil der Akademiker in seiner beruflichen Tätigkeit sich vielfach mit Fragestellungen zu befassen hat, zu deren Lösung sein eigenes Fachwissen nicht ausreicht, ist es eine wichtige Aufgabe der Universität, neben der strengen fachlichen Ausbildung auch die Fähigkeit zur interdisziplinären Arbeit zu vermitteln und mit den Studierenden ein-

zuüben. Dazu können transdisziplinäre Lehrveranstaltungen wesentliche Beiträge leisten.
Unter transdisziplinär verstehen wir hier „über sein eigenes Fach hinausblicken und sich selber mit einem anderen Fach beschäftigen". Dementsprechend bietet eine transdisziplinäre Vorlesung dem Studierenden Einblick in Wesen, Arbeitsstrategien und Grundinhalte eines anderen Faches als des eigenen Studiengebietes. Das stellt an den Dozenten die Anforderung, daß er sein Fachgebiet für Nichtfachstudenten durch prägnante Darstellung exemplarisch geschickt ausgewählter Inhalte zugänglich macht. Dabei ist beiläufig auch das Aufzeigen von Bezügen zu anderen Disziplinen willkommen, was einem transdisziplinären Ansatz auch des Dozenten entspricht.
Im Gegensatz dazu tragen im inter- oder pluridisziplinären Ansatz sowohl der Lehre wie der Forschung Fachleute verschiedener Disziplinen ihr eigenes Fachwissen zu einer gemeinsam gestalteten Gesamtschau oder Problemlösung bei. Transdisziplinäre Schulung kann die Fähigkeit zu interdisziplinärer Arbeit entscheidend fördern.
Im Juni 1985 machten sich die Mitglieder der philosophisch-naturwissenschaftlichen Fakultät der Universität Basel an einer Séance de réflexion Gedanken zu den hier aufgeworfenen Fragen. Viele der Anwesenden erklärten sich spontan bereit, hin und wieder ihr Fachgebiet in einer transdisziplinären Lehrveranstaltung allen Studierenden der Universität zugänglich zu machen. Es zeichnete sich auch die Bereitschaft ab, eine transdisziplinäre Lehre in die Studienpläne einzubauen, dies unter Berücksichtigung der Forderung, daß dabei die Gesamtbelastung nicht erhöht werden dürfte.
Im Rektorat der Universität Basel fand der Vorschlag der gezielten, nicht dem bloßen Zufall überlassenen Durchführung transdisziplinärer Lehrveranstaltungen spontane Zustimmung. In der Folge wurden die Regens, die Fakultäten und die Studierenden um ihre Meinung gefragt. Auch diese Kreise befürworteten mehrheitlich die ins Auge gefaßte Initiative, wobei von verschiedenen Seiten betont wurde, daß dabei die wissenschaftliche Qualität der Lehre nicht leiden dürfe, etwa durch Oberflächlichkeit. In der Tat stellt die transdisziplinäre Lehre an die Dozierenden besondere Anforderungen. Die eigene Erfahrung in der transdisziplinären Lehre kommt den Wissenschaftlern aber auch in dem von ihnen mehr und mehr verlangten Dialog mit der Öffentlichkeit zugute. In diesem Lichte kann transdisziplinäre Lehre nicht nur für Studierende, sondern auch für Dozierende nachhaltige Wirkung hervorrufen.

Der Startschuß zur Einführung transdisziplinärer Vorlesungen an der Universität Basel wurde vom Rektor in seiner Rede am Dies academicus im November 1986 gegeben (W. Arber: Universitäre Ausbildung und Ansprüche des Alltags, Basler Universitätsreden, 80. Heft, Verlag Helbing & Lichtenhahn, Basel 1986). In der Folge machte sich eine Planungskommission ans Werk mit dem Ziel, in jedem Semester etwa 10 verschiedene Vorlesungen von je einer Wochenstunde anzusetzen, wobei man sich vornahm, in einer 3jährigen Versuchsphase keine Wiederholungen zu machen. Man erhoffte sich, dadurch möglichst viele Disziplinen abdecken zu können und so Erfahrung in der Eignung verschiedenartiger Themenkreise zu erlangen.

Rektorat und Regens waren von Anfang an bemüht, die transdisziplinären Vorlesungen möglichst allen Studierenden und Assistierenden der Universität zugänglich zu machen. Zu diesem Zwecke wurde im Einvernehmen mit den Fakultäten beschlossen, jeden Dienstag die Zeit zwischen 16 und 18 Uhr von anderen Lehrveranstaltungen freizuhalten und in diesem Zeitraum je etwa 5 transdisziplinäre Vorlesungen von 16–17 Uhr und 5 weitere von 17–18 Uhr anzusetzen. Mehrheitlich nahm man davon Abstand, transdisziplinäre Lehre für Studierende obligatorisch zu erklären. Diese sollten lediglich durch gezielte Information auf das neue Angebot aufmerksam gemacht werden. Ins Vorlesungsverzeichnis wurde die Ankündigung auf 4 farbige Seiten mit kurzen Inhaltsangaben aufgenommen. Die Vorlesungen sollten primär allen Studierenden anderer Disziplinen angeboten werden, aufbauend auf dem in den eidgenössischen Maturitäten verlangten Basiswissen. Die Vorlesungen sollten aber auch für entsprechend vorbereitete Hörer zugänglich sein.

Zusätzliche Lehrveranstaltungen bedeuten für die Dozenten zusätzliche Belastung. Deshalb war es für das Rektorat ein wichtiges Anliegen, den im Programm verpflichteten Dozenten eine kompensierende Entlastung zu verschaffen. Prinzipiell werden selbstverständlich die transdisziplinären Vorlesungen als Teil der Lehrverpflichtung der Dozenten angerechnet. Die speziellen Anforderungen an die Dozenten in der transdisziplinären Lehre rechtfertigen aber fallweise eine Entlastung durch eine zeitlich befristete Assistenz, was die Aufbereitung des Stoffes wesentlich erleichtern kann oder was den Dozenten in anderen Bereichen der Lehre entlasten kann. Außerdem wurden in der Versuchsphase auch Lehrer beigezogen, welche nicht dem Lehrkörper der Universität angehören, etwa aus dem Bereich der Ingenieurwissenschaften. Hier mußte fallweise die erbrachte Leistung abgegolten werden. Schließlich fielen in einzelnen Fällen auch Sach-

und Reisekosten an. Zur Deckung der durch die transdisziplinäre Lehre verursachten Kosten wurden für die Versuchsphase absichtlich keine zusätzlichen staatlichen Mittel beantragt. Vielmehr bemühte sich die Universität um Unterstützung aus anderen Quellen. Diese Hilfe wurde für den Beginn der Versuchsperiode beim Fonds Basel 1966, einer Initiative der Basler Wirtschaft aus Anlaß des 100-Jahr-Jubiläums der Christoph-Merian-Stiftung gefunden.

Die vom Rektorat eingesetzte Planungskommission sammelte zunächst eine große Reihe geeigneter Themenkreise sowie Namen von geeigneten Dozenten. Für jedes Semester wurde daraus eine bunte Auswahl zusammengestellt. Das der Kommission vorsitzende Rektoratsmitglied kontaktierte daraufhin die vorgemerkten Dozenten. Die dabei angetroffene spontane Bereitschaft der Dozenten zur aktiven Mitwirkung war beeindruckend. Nur in einzelnen, gut begründeten Fällen wurde eine Absage erhalten. So war es möglich, in den vergangenen 4 Semestern insgesamt 39 Vorlesungen über verschiedene Themen zu offerieren (s. untenstehende Übersicht). Oft bestritt ein Dozent allein die ganze Vorlesung. In anderen Fällen wurden vom leitenden Dozenten auch ein oder einige weitere Lehrer beigezogen, wobei aber absichtlich vom Schema einer Ringvorlesung Abstand genommen wurde, um die Prägung der Vorlesung durch den verantwortlich zeichnenden Dozenten nachhaltig auf die Studierenden wirken zu lassen.

Transdisziplinäre Vorlesungen an der Universität Basel in den Studienjahren 1987/88 und 1988/89

Bereiche der Theologie:
- Gewissen – Schuld – Vergebung (W. Neidhart)
- Konstantinische Wende. Von der Märtyrer- zur Staatskirche (R. Brändle)
- Freiheit und Bindung: Grundlagen der Ethik (J. M. Lochman)
- Das Evangelium und die Armen: Zur Sozialgeschichte des frühen Christentums (E. W. Stegemann)

Bereiche der Jurisprudenz:
- Möglichkeiten und Grenzen des Völkerrechts gegenüber den großen Konfliktherden der Welt. Von der Abrüstung bis zu Tschernobyl (L. Wildhaber)
- Grundlagen der Rechtswissenschaft (F. Vischer)
- Einführung in die Rechtsphilosophie: Bürgerlicher Ungehorsam (G. Stratenwerth)
- Eigenart der schweizerischen Demokratie (K. Eichenberger)

Bereiche der Medizin und Psychologie:
- Probleme der heutigen Medizin (H. Fahrländer)
- Infektionskrankheiten der Haut und der Geschlechtsorgan (T. Rufli)
- Von der Entdeckung des Kreislaufs bis zur Herztransplantation (F. Burkart)
- Psychotherapieformen: Divergenz und Konvergenz (V. Hobi)
- Die Heilkunde als Spiegelbild menschlichen Wissens und Glaubens (R. Schuppli)
- Interdisziplinäre Ansätze bei Kreislaufkrankheiten – gestern, heute und morgen (L. K. Widmer)

Bereiche der Philosophie und Sprache:
- James Joyce: Annäherungen (F. Senn)
- Über die Funktion und das Funktionieren von Sprache (H. Rupp)
- Moralische Kompetenz: Einführung in die philosophische Ethik (A.-Pieper)

Bereiche der Geschichte:
- Tendenzen der neueren Geschichtsforschung: Auf den Spuren des Alltags einfacher Menschen (M. Mattüller)
- Die Vereinigten Staaten von Amerika und die Sowjetunion: Geschichte zweier Weltmächte (H. R. Guggisberg/H. Haumann)
- Dritte und Erste Welt in ethnologischer Sicht (M. Schuster)

Bereiche aus Musik und Kunst:
- Paradigmen der modernen Kunst (G. Boehm)
- Die Rezeption außereuropäischer Musik durch Komponisten des zwanzigsten Jahrhunderts (H. Oesch)
- Vorchristliche Kunst des Mittelmeerraumes (R. A. Stucky)

Bereiche der Ökonomie und Sozialwissenschaften:
- Zentrale volkswirtschaftliche Probleme (G. Bombach)
- Einführung in die Entwicklungspolitik. Sozio-ökonomische Probleme der Entwicklungsländer und Entwicklungsstrategien (K. M. Leisinger)
- Geld, Währung, Inflation und Wechselkurse (P. Bernholz)
- Aspekte der Genesis und der Entfaltung der okzidentalen Wirtschaft und Gesellschaft (A. Bürgin)

Bereiche der Naturwissenschaften und Umweltwissenschaften:
- Einblicke in die Entwicklung der Lebewesen (W. Gehring)
- Lebensmittelproduktion im Spannungsfeld zwischen Natur und Technik (M. R. Schüpbach)

- Beiträge der Energieforschung zur Energiezukunft der Schweiz (H. Eicher)
- Einblicke in die Entstehung der Alpen (M. Frey)
- Parasitologie: Grundlagen-Wissenschaft und Werkzeug der Entwicklungszusammenarbeit (T. A. Freyvogel)
- Das Weltbild der Astronomen (G. A. Tammann)
- Das Immunsystem (G. F. Melchers)
- Pflanzenschutzmittel und Umweltsicherheit (H. Gampp)
- Konzepte der Naturwissenschaften in Wechselwirkung mit Weltanschauung und Gesellschaft (E. Kellenberger)

Bereiche der Ingenieurwissenschaften und Architektur:
- Bauen in der Stadt (C. Fingerhuth)
- Die Entwicklung der Bautechnik – Ein Beitrag zum Verständnis der Technik und des Ingenieurs (B. Thürlimann)

Die Studierenden wurden angehalten, die von ihnen besuchten transdisziplinären Vorlesungen in ihrem Testatbuch einzutragen. Die in Tabelle 1 gezeigte Statistik des Besuchs basiert auf der Auswertung dieser Eintragungen. Ein Vergleich dieser offiziell erhobenen Besuchszahlen mit den Zahlen der an den Vorlesungen anwesenden Personen ergab keine prinzipielle Diskrepanz. Zunächst kann festgestellt wer-

Tabelle 1. Belegungsfrequenzen der transdisziplinären Vorlesungen (%-Angaben beziehen sich auf die Anzahl der immatrikulierten Studierenden)

	WS 87/88		SS 88		WS 88/89		SS 89	
	Anzahl	%	Anzahl	%	Anzahl	%	Anzahl	%
Anzahl Themen	10		10		10		9	
Studierende der								
– Theol. Fak.	62	30,0	72	33,3	85	38,6	81	38,9
– Jurist. Fak.	93	10,9	71	9,0	152	18,0	59	7,6
– Med. Fak.	66	4,3	46	3,4	58	4,1	19	1,5
– Phil. hist. Fak. (-Ökonomie)	332	20,5	272	17,6	488	30,5	280	18,3
– Ökonomie	104	12,7	52	6,6	111	12,7	53	6,4
– Phil. Nat. Fak.	233	13,8	269	16,8	255	14,6	185	11,0
Total immatr. Stud.	890	13,3	782	12,5	1149	17,2	677	10,8
Hörer	37	6,6	32	7,6	134	24,6	69	16,5

den, daß die transdisziplinären Vorlesungen vornehmlich immatrikulierte Studierende anziehen und nur in einem geringeren Ausmaß Hörer. Im Zeitraum der bisherigen 4 Versuchssemester waren im Mittel etwa 6500 Studierende immatrikuliert, und die Universität registrierte etwa 500 Hörer. Die Belegungszahlen der immatrikulierten Studierenden für transdisziplinäre Vorlesungen entsprechen demnach je nach Semester zwischen 11 und 17% der Studierenden. Allerdings belegten jeweils etwa 200 Studierende zwei Vorlesungen. Da alle transdisziplinären Vorlesungen am Dienstagnachmittag entweder von 16–17 Uhr oder von 17–18 Uhr angesetzt waren, sind keine höheren Mehrfachbelegungen möglich gewesen. Somit kann festgestellt werden, daß in jedem der bisherigen Semester das transdisziplinäre Lehrangebot von etwa 10% der Studierenden aktiv genutzt worden ist. Dazu ist zu sagen, daß in einzelnen Fällen und in Absprache mit den Dozenten sich eine transdisziplinäre Vorlesung auch für Fachstudenten eignete und daher auch von solchen besucht wurde. Dies gilt beispielsweise für die Vorlesung „Einführung in die Rechtsphilosophie: Bürgerlicher Ungehorsam". Diese Vorlesung belegten total 171 immatrikulierte Studierenden, davon 76 aus der juristischen Fakultät.

Interessant ist der Vergleich der Frequenzen von gleichzeitig angesetzten und sich deshalb gegenseitig konkurrierenden Lehrveranstaltungen (Tabelle 2). Da an der Universität Basel nur relativ wenig Studierende Astronomie im Hauptfach studieren, kann man davon ausgehen, daß die 52 belegenden Naturwissenschaftsstudenten vornehmlich nicht Fachstudenten der Astronomie sind. Diese Vorlesung interessierte aber auch viele Studierende aus anderen Fakultäten. Interessanterweise zog dagegen die Vorlesung über Immunologie, eines der zentra-

Tabelle 2. Belegungsfrequenzen von 5 gleichzeitig gegebenen Vorlesungen im Wintersemester 1988/89

	Theol. Fak.	Jurist. Fak.	Med. Fak.	Phil.hist. Fak. (-Ökon.)	Ökonomie	Phil. Nat. Fak.	Total Stud.	Hörer
Ethik (Lochmann)	30	4	3	24	5	15	81	23
Rechtsphilosophie (Stratenwerth)	10	76	2	49	8	26	171	8
Moderne Kunst (Boehm)	8	10	10	119	12	26	185	28
Astronomie (Tammann)	5	5	9	38	22	52	131	24
Immunsystem (Melchers)	1	3	1	14	3	54	76	2

len Themen der modernen Biologie und Medizin, nur sehr wenige Studierende aus den nicht-naturwissenschaftlichen Disziplinen an. Sie wurde auch nur von einem einzigen Medizinstudenten besucht. Ganz allgemein wurde beobachtet, daß das Interesse der Medizinstudenten für die transdisziplinären Vorlesungen am geringsten ist. Dies mag sich mit der allgemein bekannten Überlastung des Studienplans der medizinischen Fakultät erklären. Im Interesse der breitgefächerten Verantwortung, der sich der praktizierende Arzt konfrontiert sieht, wäre es angezeigt, die hier angesprochene Situation zu sanieren.
Während im großen und ganzen geisteswissenschaftliche Themen relativ gut ankamen, mußte wider Erwarten festgestellt werden, daß unsere Studierenden kaum bereit sind, sich mit aktuellen Themen aus der Biologie und aus der Medizin zu befassen. Ebenso stießen Themen aus den Bereichen der Ingenieurwissenschaften trotz dem Einsatz ausgezeichneter Lehrkräfte nicht auf breites Interesse. Dies ist wohl als Zeichen unserer Zeit zu deuten.
Gesamthaft gesehen darf aber der jetzt laufende Versuch mit der transdisziplinären Lehre an der Universität Basel als Erfolg gewertet werden. Stichprobenweise Rückfrage bei den vom Angebot profitierenden Studierenden hat ein bereits gut verankertes Interesse gezeigt, und viele der Studierenden betrachten diese Art der Ergänzung ihrer Fachstudien als eine dringende Notwendigkeit. Auch die für die Vorlesungen verpflichteten Dozenten beurteilten einhellig die ihnen gestellte Aufgabe als interessant und viele empfanden die Rückwirkung des Kontaktes mit Nichtfachstudenten auf ihre eigene Arbeit als stimulierend und fruchtbar.
Abschließend soll hier noch auf eine in Planung begriffene Erweiterung der trans- und interdisziplinären Lehre hingewiesen werden. Es ist nur zu gut bekannt, daß Nebentätigkeiten, wie es das Befassen der Studierenden und der Dozierenden mit transdisziplinären Themen ja eigentlich darstellt, häufig auch bei eindeutig bestehendem Interesse ein Opfer der Prioritätensetzung wird. So kann auch ein gefaßter Vorsatz für den wöchentlichen Besuch einer Vorlesung durch begründete Ausfälle schließlich zunichte gemacht werden. Hier können eine räumliche Trennung der transdisziplinären Arbeit vom normalen Arbeitsort und eine zeitliche Konzentration Abhilfe verschaffen. Trans- und interdisziplinäre Lehre eignet sich daher besonders gut für Vermittlung in intensivem Blockunterricht abseits des normalen Wirkungsfeldes der Beteiligten.
Diese Idee soll nun im Verbund zwischen einigen schweizerischen und ausländischen Universitäten an einem zu errichtenden Schulungs-

zentrum im Kanton Wallis realisiert werden. Die Behörden des Kanton Wallis haben den daran interessierten Hochschulen bereits ihre koordinierende Mitarbeit angeboten, und eine private Stiftung ist bereit, den hier skizzierten Plan auch materiell zu unterstützen. Es ist zu hoffen, daß Dozierende und Studierende bereit sein werden, aktiv an der Realisierung dieser interessanten Pläne mitzuarbeiten. Dabei ergibt sich eine willkommene Gelegenheit, themenbezogen Fachleute und Studierende aus verschiedenen Hochschulen zusammenzubringen, was sicher langfristige fruchtbringende Nachwirkungen zeigen wird.

II.2 Voten

Erfahrungen
mit fachübergreifenden Vortragsreihen

J. Audretsch

Die Erkenntnis, daß sich das intellektuelle Leben in zwei Kulturen abspielt, die nahezu ohne Wechselwirkung miteinander nur sich selbst genügend leben und sich entwickeln, ist nicht neu. Dieser Zustand ist oft beklagt worden. Er bleibt auch für die heutige Zeit typisch. Allerdings scheint Bewegung in die geistige Landschaft gekommen zu sein. Das Bewußtsein, daß mit der Isoliertheit in der geisteswissenschaftlich-sozialwissenschaftlichen oder der naturwissenschaftlich-technischen Kultur eine Verarmung verbunden ist, breitet sich gerade auch unter den Studenten aus: Man will die Welt nicht mehr in Schubladen sortieren und sich damit begnügen, Spezialist für eine der Schubladen zu werden. Das Ganze kommt in den Blick. Eine postmoderne Toleranz und die damit verbundene Aufnahmebereitschaft für alternative Zugänge zur Wirklichkeit und die Pluralität der entsprechenden Methoden, Denkvorstellungen und Resultate breiten sich aus. Man will mehr von der Beschäftigung des Nachbarn wissen. Der Blick über den Zaun wird als bereichernd empfunden; man sieht danach den eigenen Bereich mit anderen Augen und wendet sich ihm wieder mit gestärkter Kompetenz zu.
Es ist also davon auszugehen, daß ein zunehmend größerer Teil der Studenten überfachliche Bildungsinteressen hat. Die Motivation hierfür scheint aus sich heraus zu wachsen, ohne daß – wie früher häufig – das vage Ideal einer Allgemeinbildung von außen vorgegeben würde. Wie kann die Universität diese Nachfrage gerade auch ihrer guten Studenten befriedigen? Gesucht ist hierfür kein neuer alles vereinigender philosophischer Überbau, wünschenswert wäre vielmehr eine Bewegung von unten. Die Überwindung der zwei Kulturen muß je verschieden im Kopf des einzelnen stattfinden. Die Bereitschaft hierfür ist vorhanden, wie kann sie gefördert werden?

Gefragt sind keine aufwendigen Programme, sondern ein Angebot, das die Universität schnell und mit den vorhandenen Mitteln attraktiv gestalten kann und das eine weitgehende Erfüllung der Zielvorgaben gewährleistet. Man kann sich viele Formen fachübergreifender hochschuldidaktischer Bemühungen denken:
Am naheliegendsten scheint es zu sein, an alle Hochschullehrer die Forderung zu stellen, in ihren Vorlesungen, Seminaren oder Übungen fachübergreifende Gesichtspunkte unmittelbar mit einzubringen. Dieser Vorschlag ist unrealistisch. Nur wenige Dozenten wären in der Lage ihn durchzuführen. Er hat den Nachteil, daß die jeweils anderen Fächer nicht kompetent dargestellt würden. Gravierend wäre auch, daß die Studenten nicht mit Vertretern dieser Fächer diskutieren könnten.
Wenn Bedarf und Nachfrage hierfür vorliegen, entstehen neue Disziplinen zwischen alten Disziplinen. Die Universität hat schon immer darauf mit der Einrichtung neuer Studiengänge reagiert und wird das weiter tun. So etablieren sich allerdings nur neue Fächer mit ihren neuen Spezialisten. Die Frage nach dem Ort für den erwünschten fachübergreifenden Dialog bleibt offen.
Weiter führt der Versuch, von didaktisch besonders befähigten Dozenten jedes Fach in eigens dafür eingerichteten Veranstaltungen den Studenten anderer Fächer vorzustellen. Dieses Verfahren ist sehr aufwendig, falls sich aber die richtigen Dozenten finden lassen, bietet es andererseits den fachfremden Studenten sicherlich den tiefsten Einblick in Methoden und Inhalte eines Fachs. Ein Nachteil allerdings bleibt. Was so nicht demonstriert werden kann, ist die Aspekthaftigkeit jeder Forschung.
Wenn es daher darum geht, deutlich zu machen, daß bei einer ganzen Reihe von Themen schon immer verschiedene Wissenschaften mit jeweils verschiedenen Methoden und Zugängen nur Aspekte ein und desselben Themas behandelt haben und wenn darüber hinaus diese Aspekte zu einem Gesamtbild zusammengefaßt werden sollen, dann sind Vorlesungsreihen ideal. Ein Beispiel mag das verdeutlichen. Über die Jahrhunderte hin ist die Entstehung der Welt in Mythen, Religionen, Philosophien und in der physikalischen Kosmologie beschrieben worden. Hier liegt daher ein facettenreiches Thema vor, mit dem die unterschiedlichsten wissenschaftlichen Ansätze und Ergebnisse verknüpft sind. Der Autor als theoretischer Physiker und Professor Dr. Klaus Mainzer als Philosoph haben im Wintersemester 1987/88 an der Universität Konstanz unter dem Titel „Vom Anfang der Welt – Wissenschaft, Religion, Mythos" eine Vorlesungsreihe organisiert, die als

Referenten Astronomen, Physiker, Philosophen und Theologen zusammengeführt hat. Über das Semester hin wurde wöchentlich ein Vortrag zum Generalthema von einem Konstanzer oder einem auswärtigen Wissenschaftler aus der Sicht seiner Wissenschaft gehalten. Die Hörer waren in erster Linie Studenten aus der physikalischen und philosophischen Fakultät. Hinzu kamen Professoren, Bürger der Stadt Konstanz und zahlreiche Gymnasiallehrer. Die Vorlesungsreihe war im Rahmen des Kontaktstudiums vom Oberschulamt Freiburg als Fortbildungsveranstaltung anerkannt. Ihre Finanzierung erfolgte mit Mitteln des Studium generale. Ein fachübergreifendes Thema wie die Kosmologie machte es besonders gut möglich, verschiedene theoretische Verarbeitungen ein und desselben Gegenstandes darzustellen, diese Sichtweisen methodisch und begrifflich gegeneinander abzugrenzen, ihre Anmaßungen und Übergriffe zurückzuweisen und ihre jeweiligen Stärken zu betonen. So konnte für die Hörer ein differenziertes Gesamtbild entstehen, ohne daß die Grenzen der hierzu beitragenden Einzeldisziplinen unzulässig verwischt worden wären.

Nach gleichem Muster wurden in Konstanz von denselben Organisatoren zu zwei weiteren Zentralthemen fachübergreifende Vorlesungsreihen durchgeführt. Im Wintersemester 1986/87 stand unter dem Thema „Philosophie und Physik der Raum-Zeit" die Raum-Zeit-Diskussion im Mittelpunkt. Die Vorlesungsreihe im Wintersemester 1988/89 war unter dem Thema „Wieviele Leben hat Schrödingers Katze? – Zur Physik und Philosophie der Quantenmechanik" unseren Vorstellungen über die Struktur der Materie und unseren Erkenntnismöglichkeiten im Mikrokosmos gewidmet. In beiden Fällen waren aktuelle physikalische Forschung und philosophische Analyse Ausgangspunkte für die verknüpfende Diskussion.

Mit allen drei Vortragsreihen, die jeweils auch als Buch (s. Lit.-Verz.) erschienen sind, konnten die gleichen Erfahrungen gesammelt werden: Unter Studenten aller Semester ist das Interesse an fachübergreifenden Veranstaltungen dieser Art sehr groß. Es überwiegen Studenten der naturwissenschaftlichen Fächer. Geisteswissenschaftler scheinen eine gewisse Schwellenangst vor der „anderen Kultur" zu haben. Die Vorträge strahlen in den außeruniversitären Bereich hinein. Die Zuhörer besuchen in der Regel alle Veranstaltungen einer Reihe und lassen sich dabei auch von einzelnen mißglückten Vorträgen nicht abschrecken. Im Anschluß an die Vorträge findet eine rege Diskussion im Auditorium und mit dem Referenten statt. Die Diskussionsbeiträge sind dabei in der Regel niveauvoll und bereichernd. Kontroverse Punkte werden in den nachfolgenden Tagen unter den Studenten weiterdiskutiert.

Auch das interdisziplinäre Gespräch zwischen Studenten verschiedener Fakultäten wird leichter aufgenommen, wenn dieselbe Veranstaltung besucht wird. Der Nachteil der Organisationsform liegt darin, daß keine unmittelbare Diskussion zwischen den verschiedenen Vortragenden möglich ist. Dies macht es nötig, daß entweder die beiden Organisatoren in einer Schlußveranstaltung die verschiedenen Aspekte noch einmal zusammenfassen bzw. gegeneinandersetzen oder sich tatsächlich alle Vortragenden zu einer gemeinsamen Schlußrunde treffen.

Zusammenfassend ist zu sagen, daß der entscheidende Vorteil von Vortragsreihen der obigen Art darin besteht, daß zu einem Generalthema die eingeschränkten Sichtweisen der verschiedenen Wissenschaften von jeweils kompetenten Fachleuten für dialogbereite Nichtfachleute dargestellt werden. Die jeweilige Sachkompetenz bewirkt, daß kein populärwissenschaftlicher Einheitsbrei entsteht, in dem ein und derselbe Autor oft nur oberflächlich Angelesenes vermengt, vielmehr wird eine exakte Information und kompetente Diskussion möglich gemacht. Dies ist eine Konsequenz der Vorstellung, daß der Brückenschlag zwischen den zwei Kulturen nur gelingen kann, wenn die beiden Pfeiler jeweils in ihrem Ausgangsbereich gut verankert sind und so den Druck des anderen Pfeilers aufnehmen können.

Literatur

Audretsch J, Mainzer K (Hrsg) (1988) Philosophie und Physik der Raum-Zeit. B.-I.-Wissenschaftsverlag, Mannheim

Audretsch J, Mainzer K (Hrsg) (1989) Vom Anfang der Welt – Wissenschaft, Philosophie, Religion, Mythos. C. H. Beck, München

Audretsch J, Mainzer K (Hrsg) (1990) Wie viele Leben hat Schrödingers Katze? – Zur Physik und Philosophie der Quantenmechanik. B.-I.-Wissenschaftsverlag, Mannheim

Erfahrungen mit Stiftungen als Trägern fachübergreifender Forschung und Lehre

J. Becker

Im Zusammenhang mit dem Beitrag von J. Brüning (s. S. 68) möchte ich ergänzend auf interdisziplinäre Veranstaltungen hinweisen, die die Universität Augsburg dank der Stiftung eines in Augsburg geborenen Schweizer Unternehmers seit rund 3 Jahren organisieren konnte. Sie finden im Wallis bei Sitten in drei Häusern der Kurt-Bösch-Stiftung statt und führen in der Regel eine Gruppe von 20 Lehrenden und Studierenden aus Augsburg und der Schweiz für 1 Woche zusammen. Im Rahmen dieser Veranstaltungen haben sich als besonders interessant Universitätsseminare für Gymnasiasten in unterschiedlichen Disziplinen erwiesen. Die Initiative ging von einem Mathematiker aus, der in Verbindung mit den Schulbehörden des Kantons Wallis und von Bayerisch Schwaben eine Gruppe von Gymnasiastinnen und Gymnasiasten der Oberstufe, die sich in Mathematik besonders ausgezeichnet hatten, zur gemeinsamen Arbeit mit Universitätsprofessoren und Assistenten einlud. Diesen Gedanken haben Vertreter der Augsburger Anglistik aufgegriffen und in Zusammenhang mit dem von Augsburg aus geleiteten Bundeswettbewerb „Moderne Fremdsprachen" (der vom Stifterverband gefördert wird) sprachgewandte Schülerinnen und Schüler aus dem Wallis und bayerischen Gymnasien zusammengeführt. Voraussetzung für die Teilnahme waren überdurchschnittliche Kenntnisse in zwei modernen Fremdsprachen; als Regel wurde festgelegt, daß während der Gesamtdauer des Seminars die Gespräche jeweils nur in einer Fremdsprache (Englisch, Französisch oder Deutsch) geführt werden durften. Beide Veranstaltungen haben sich nach dem Urteil der Dozenten wie der Schüler sehr bewährt.

Diese Aktivitäten können noch erweitert werden, wenn es gelingt, mit Hilfe der Kurt-Bösch-Stiftung das Projekt von Herrn Kollegen Arber eines „Zentrums für inter- und transdisziplinäre akademische Lehre" zu verwirklichen.

Erfahrungen mit fachübergreifender Lehre im Studium generale

C. Rüchardt

Die Universität hat, wo sie sich ernst nahm, immer mehr sein wollen, als ein gemeinsames Dach für verschiedene Fachbereiche und Ausbildungsgänge. In unserer Zeit der Spezialisierung der Wissenschaften und der Gefahr des Zerfalls in zwei Kulturen kommt der interdisziplinären Lehre außergewöhnliche Bedeutung zu.

Mit dem *Studium generale* hat die Albert-Ludwigs-Universität eine Begegnungsstätte für die Wissenschaften geschaffen. Es wird von einem Professor als Beauftragtem des Rektors geleitet. Ihm gleichberechtigt beigeordnet ist der Ordinarius für Politikwissenschaft als Leiter des Colloquium politicum im Studium generale. Darüber hinaus stehen für die Planung und die Durchführung des Programmangebots ein eigener Etat sowie zwei hauptamtliche wissenschaftliche Assistenten und eine freie Mitarbeiterin zur Verfügung.

Für das Studium genrale muß man nicht immatrikuliert sein; das Vortragsangebot ist umsonst und fordert von den Zuhörern weder Zeugnisse noch Zertifikate, sondern allein ihr Interesse. Es fördert nicht nur den Austausch zwischen unterschiedlichen Disziplinen, sondern auch den Austausch zwischen Gelehrten, Studierenden und Bürgern der Stadt. Das Angebot ist vielfältig:

Vortragsreihen und Einzelvorträge finden jedes Semester in großer Variation statt. Themen sind z.B. „Große Themen Martin Heideggers" – „Hans Thoma und die Malerei seiner Zeit" – „Die Literaten und der Zweite Weltkrieg" – „Lust auf Klassik (Literatur)" – „Der tropische Regenwald Südamerikas" und viele andere.

Das *Colloquium politicum* im Studium generale ist der staatsbürgerlichen und politischen Bildungsarbeit an der Universität in hohem Maße verpflichtet. Als eine überparteiliche und autonome Einrichtung bietet es ein Forum, das die Studierenden mit aktuellen gesellschaftlichen und politischen Fragen und Problemen konfrontiert. Es geht darum,

Einseitigkeit zu überwinden: diesmal die Einseitigkeit des Studiums, das keine gesellschaftliche Verantwortung wahrnimmt und eine begründete Urteilsfindung in Fragen vernachlässigt, die nicht mit dem Werkzeug wissenschaftlicher Einzeldisziplinen entschieden werden können. Beispiele für Vortragsreihen des Colloqium politicum sind: „Der Ostblock im Umbruch" – „40 Jahre Bundesrepublik" – „Die Entstehung des Staates" – „Die Vollendung des EG-Binnenmarktes bis Ende 1992" – „Das Phänomen Todesstrafe" – „Ethik und Ökonomie, Ökonomie und Ethik" – „Kulturverfall der Medien?"

In den *Kunstkreisen* (z. B. Modezauber – Malen – Porträtzeichnen – Marionettenkurs – Tanz) kann jeder sein im Studium oft vernachlässigtes schöpferisches Talent fördern und schulen. Darüber hinaus vermitteln Kurse in der Reihe „Körper und Seele" Techniken, um sich z. B. „schnell zu entspannen" und den Alltagsanforderungen gelassener gegenüberzutreten. Zahlreiche Orchester, Chöre und Musikgruppen aller Art unterstützen diese Aktivitäten.

Das Programm des Studium generale ist für große Teile der Studentenschaft eine Attraktion. Die Veranstaltungen sind außerordentlich gut besucht und von regen Diskussionen begleitet.

III. Perspektiven für fachübergreifende Ausbildungsinhalte von Natur- und Geisteswissenschaften

Biologie und Ökonomik –
Chancen für eine Interdisziplinarität

H. Mohr

Zwischen Biologie und Wirtschaftswissenschaften gibt es vielfältige Analogien. Darauf läßt sich ein interdisziplinäres Ausbildungskonzept gründen, das derzeit an der Universität Bochum erprobt wird und im wesentlichen dazu dient, dem Biologen eine Zusatzqualifikation zu vermitteln [18].

Die strukturellen Ähnlichkeiten der Fächer legen darüber hinaus einen Theorienvergleich nahe, der offenbar von beiden Seiten als Desiderat empfunden wird. Dies gilt besonders für die evolutorische Ökonomik und die biologische Evolutionstheorie, deren Vertreter einen Kontakt explizit anstreben [16].

Voraussetzungen für einen Theorienvergleich

Der anvisierte Theorienvergleich kann sich auf verschiedenen Ebenen abspielen:

(a) Beschreibung von Analogien,
(b) Suche nach Isomorphien,
(c) Entwurf einer *generellen* Evolutionstheorie, die sowohl die biologische als auch die ökonomische und kulturelle Evolution einschließen würde.

Während die Beschreibung von (möglicherweise oberflächlichen) Analogien auf die Dauer wenig attraktiv erscheint, bedeutet das Auffinden von Isomorphien einen interdisziplinären Erfolg. Als treffendes Beispiel für ein isomorphes Gesetz kann die logistische Wachstumsfunktion gelten, die in beiden Disziplinen eine wichtige Rolle spielt (Abb. 1). Die Stufe (c) erscheint zu ambitiös. Das Unternehmen entspräche der Suche der Physiker nach der „Weltformel".

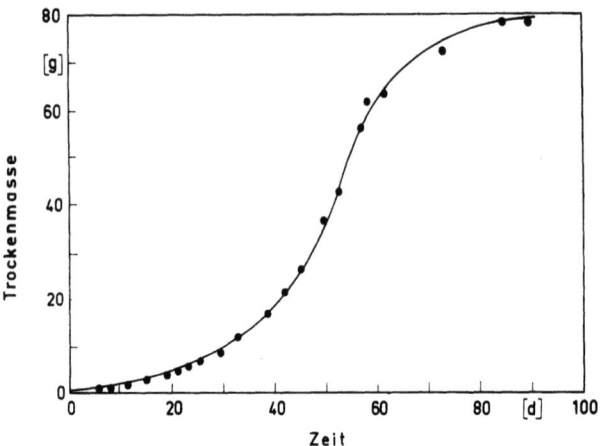

Dgl. $\frac{dN}{dt} = r \cdot N \cdot \frac{k-N}{k}$

gelöst $N_t = \dfrac{kN}{1 + \left[\dfrac{k}{N_0} - 1\right] \cdot e^{-r \cdot t}}$

Abb. 1. Logistisches Wachstum, exemplifiziert am Beispiel einer Maispflanze. (Nach [11])

Über die realistische Zielsetzung hinaus ist eine erfolgversprechende Interdisziplinarität an eine Reihe von Voraussetzungen gebunden, die ständig gewährleistet sein müssen, wenn das Wagnis fachübergreifender Arbeit nicht in einer Enttäuschung enden soll: Die wissenschaftliche Zielsetzung und die Vorgehensweise müssen in den kooperierenden Fächern ähnlich sein (Beschränkung auf „wahre" Sätze, für die eine Begründungspflicht besteht). – Das wissenschaftliche Ethos muß gewährleistet sein (Wissenschaft als Verhalten – das ist „Ringen um Wahrheit unter strikten Regeln"). – Die Autonomie der Disziplin muß gewährleistet sein (es darf also keine Fremdbestimmung, z. B. durch politische Doktrin, geben). – Die „Sprache" der zu vergleichenden Disziplinen sollte ähnlich sein und ein ähnliches Niveau der Formalisierung erlauben. – Die disziplinäre Kompetenz des auf Interdisziplinarität abzielenden Forschers muß von seinen Peers anerkannt sein.

Vor allem sollte man die Einsicht respektieren, daß erfolgreiche Interdisziplinarität nur in Teilbereichen einer Disziplin und nur an konkreten Projekten praktiziert werden kann.

Konkrete Zielsetzungen

1) „Biologische Evolutionstheorie"
und „Evolutorische Ökonomik" –
ein Vergleich zweier Teilbereiche

Lohnt sich für den Wirtschaftswissenschaftler ein Theorienvergleich? Wieviel kann die biologische Evolutionstheorie geben? wie „gut", wie zuverlässig ist sie?

C. F. von Weizsäcker sagte einmal:

> Die Grunddisziplin der heutigen Physik, die Quantentheorie, läßt sich einem mathematisch Gebildeten in ihren Prinzipien auf einer Druckseite mitteilen: es gibt heute wohl eine Milliarde einzelner Erfahrungen, die ihr gehorchen, und nicht eine, die ihr in nachprüfbarer Weise widersprochen hätte [19].

Ich füge hinzu:

> Für die moderne synthetische Evolutionstheorie gilt dasselbe wie für die Quantentheorie: Es gibt zahllose einzelne Erfahrungen aus allen Bereichen der Biologie, die mit ihr verträglich sind, und nicht eine, die ihr in nachprüfbarer Weise widerspräche. Die Evolutionstheorie erklärt Anpassung und Fortschritt. Die angepaßte Zweckmäßigkeit eines Organismus kann sie ebenso überzeugend erklären wie seine Unzulänglichkeiten, seine Dysfunktionen, sein Leiden und Sterben. Die Evolutionstheorie deutet die Existenz lebender Fossilien ebenso elegant wie die Tatsache, daß die allermeisten Evolutionslinien wieder ausgestorben sind. All dies waren entscheidende Gründe dafür, daß die heutigen Biologen die Evolutionstheorie als ein zentrales und tragendes Paradigma ihrer Disziplin akzeptiert haben. Es gibt zur Evolutionstheorie keine Alternative. Alles biologische Wissen macht erst Sinn im Lichte der Evolutionstheorie [10].

Die neueren Entwicklungen der Molekularbiologie, der Soziobiologie und der Spieltheorie ebenso wie die vehementen Kontroversen um die Interpretation der Fossilgeschichte („punctuated equilibria") und der intraspezifischen genetischen Varianz („neutralism") haben die prinzipiellen Aussagen der klassischen „synthetischen Theorie der Evolution" in grandioser Weise bestätigt [1, 3, 5, 6, 10, 15]. Man spricht zwar derzeit mit Recht von einer „Evolution des Darwinismus", aber es handelt sich um eine Bereicherung und Verfeinerung der „synthetischen Theorie", nicht um eine Widerlegung ihrer Substanz. Ein Theorienvergleich verspricht nur dann Erfolg, wenn der *momentane* Stand der Theorien reflektiert wird. Ein Vergleich der Aussagen der evolutorischen Ökonomik von 1989 mit dem klassischen Darwinismus von 1952 – also vor der Geburtsstunde der Molekularbiologie – erscheint nicht sinnvoll

In den letzten Jahrzehnten sind eine Fülle neuer Konzepte in die Evolutionstheorie eingeflossen. Aus der *Soziobiologie* zum Beispiel „inclusive fitness" (Gesamtfitness), „kin selection" (Sippenselektion) und die Erklärung des „Altruismus"; aus der *Spieltheorie* das besonders wichtige Konzept der „evolutionary stable strategies" (nur Mischstrategien sind evolutionär stabil); aus der *Entwicklungsbiologie* das Konzept der „constraints" (durch den Bauplan bedingte rigide Beschränkungen künftiger Entwicklung); aus der *Populationsgenetik* das Konzept des „neutralism" (es gibt viele Mutationen in den Populationen, die weder einen selektiven Vorteil noch Nachteil haben, im Vergleich zu ihrem Allel); aus der *Paläontologie* das Konzept der „punctuated equilibria" (Evolution ist kein stetiger, sanfter Wechsel, sondern erfolgt in Stößen, die Perioden der Stabilität unterbrechen), aus der *Molekularbiologie* das Konzept der „mobilen DNA" (springende Gene) und der „genetischen Software".

Das zuletzt genannte Konzept ist für unser Thema besonders wichtig. Erst die moderne molekularbiologisch/informationstheoretische Auffassung vom Genom als der „Software des Organismus" läßt z. B. einen treffsicheren Vergleich mit der betrieblichen Software zu. Unter Software verstehen wir die Gesamtheit der Programme, die mit der vorgegebenen Hardware („Produktionsanlagen") exprimiert werden können und sich als spezifische terminale Produkte manifestieren.

Die Ansätze zu einer Theorie des qualitativen Wachstums in Biologie und Ökonomik gründen sich auf solche nichttrivialen und weitreichenden Analogien und Isomorphien [8, 9].

Qualitatives Wachstum in der Wirtschaft beruht darauf, daß materielle Ressourcen und physikalische Arbeit verstärkt durch geistige Arbeit ersetzt werden: Software ersetzt Rohstoffe und Energie.

Die Bildung von Software, die Produktion an Wissen und die intelligente Strukturierung dieses Wissens, ist die unabdingbare Voraussetzung für qualitatives Wachstum.

Als Biologe ist man mit qualitativem Wachstum innig vertraut. Die biologische Evolution, die Höherentwicklung des Lebens auf unserem Planeten – mit seinen begrenzten ökologischen Nischen und seinen eng begrenzten Ressourcen – ist als ein gigantischer qualitativer Wachstumsprozeß aufzufassen. Die biologische Evolution hat sich auf einem vorgegebenen, begrenzten Areal unter ständigem Ressourcendruck abgespielt.

Die Organismen erzielten qualitatives Wachstum im Verlauf der genetischen Evolution dadurch, daß sie beständig neue, an die Umweltsituation besser angepaßte Gene entwickelten. Unter Ressourcendruck und Konkurrenz wurden gute Gene durch bessere Gene, gute Software durch bessere Software, ersetzt.

Der evolutionäre Fortschritt (gesteigerte Effizienz der Einzelprozesse und der Integration) hat sich im wesentlichen dadurch vollzogen, daß die alten Arten in ihren ökologischen Nischen durch neue, effizientere Arten ersetzt wurden, bis hin zu den Primaten und Hominiden.

Über diese Zusammenhänge weiß die moderne Biologie gut Bescheid. Die biologische Evolution läßt sich mathematisch als ein qualitativer Wachstumsprozeß, als eine Optimierungsstrategie zur Anpassung der Lebewesen an ihre begrenzte, an Ressourcen knappe Umwelt formulieren [13, 14].

Damit wir uns nicht mißverstehen: kein Produkt der biologischen Evolution ist perfekt, auf keiner Entwicklungsstufe ist der endgültig optimale Organismus entstanden, aber es sind die Lebewesen durch eine Optimierungsstrategie geformt, die wir im Prinzip verstehen – auch mathematisch – und von der man lernen kann.

Die Perspektiven sind faszinierend: Die biologische Evolution hat auf ihre Art in Jahrmillionen vermutlich alle jene Probleme quantitativ durchgespielt, die unsere ökonomische Entwicklung derzeit belasten.

Nur ein Gesichtspunkt, den ich „Puristen" gerne entgegenhalte, sei herausgestellt: In der Evolution erweisen sich nur *Mischstrategien* als stabil. Eine Strategie ist dann evolutionär stabil, wenn keine Strategievariante sich auf die Dauer durchsetzen kann. Es ist sehr wahrscheinlich, daß der Erfolg von Mischstrategien auch die kulturelle und die ökonomische Evolution charakterisiert.

Bei den folgenden ökonomischen Problemen bemühen wir uns z. Z. darum, die biologische Analogie zu definieren und die von der Evolution gefundenen Lösungen aufzudecken: Die Allometriekosten des Gigantismus wachsen uns über den Kopf; in Mittelbetrieben haben Innovation und Flexibilität eher eine Chance (unter Ökonomen umstritten, ich weiß, aber was sagt die Evolution?); Strukturverhärtung ist der Anfang vom Ende; die Subventionierung überholter Strukturen führt in Form nichtlinearer Prozesse zum Zusammenbruch; Innovation setzt Risikokapital voraus; Recycling wird immer teurer, je länger man damit wartet.

2) Erklärung ökonomischen Verhaltens aus dem Wissen der Soziobiologie, der evolutionären Handlungstheorie und der evolutionären Ethik [2, 7, 10]

Der Homo oeconomicus, der nur von seinem wirtschaftlichen Eigeninteresse geleitete Mensch, ist eine Fiktion der klassischen Nationalökonomie, die sich weit (vermutlich zu weit) vom realen Homo sapiens entfernt, wie ein simpler Vergleich andeuten soll:

Homo oeconomicus	*Homo sapiens*
informiert	beschränkte Aufnahmekapazität, zum Informationsabweis neigend, auf „pattern recognition" geprägt
rational abwägend	partiell irrational, leicht indoktrinierbar
emotionslos handelnd	emotional geprägte (alternative) Verhaltenspolymorphismen

Unser heutiges biologisches Wissen über den Menschen erlaubt eine Korrektur des Homo oeconomicus. Das Ziel wäre ein für die ökonomische Theorie noch brauchbares Konstrukt, das dem Homo sapiens möglichst nahe käme.

Bei der Ausformung des Konstruktes ergeben sich prinzipielle Schwierigkeiten:

(a) Das verhaltensbestimmende Erbgut des Menschen ist im Pleistozän/Neolithikum entstanden. Es ist an die seinerzeitige Umwelt angepaßt, nicht an die moderne Welt.

(b) Wie stark sich kulturelle Determinanten auswirken, hängt vom Kontext ab, z. B. von den Umweltbedingungen. Mischstrategien, Verhaltenspolymorphismen, z. B. Affluenzstrategie gegenüber Überlebensstrategie, bestimmen das menschliche Leben weit mehr als man gemeinhin glaubt. Ein soziales Phänomen, das beispielsweise nach Erklärung verlangt, ist der scharfe Rückgang der Kinderzahl in unserem Land. Das erklärende Modell der Spieltheorie besagt, daß die *Sozialisierung* der Zukunftsressourcen – Zeugung und Aufzucht von Kindern – zwangsläufig die hedonistische Verhaltenvariante in uns begünstigt.

(c) Auch die Indoktrinierbarkeit durch Diffusionsagenten ist keine konstante Größe, sondern hängt entscheidend von der Gunst der Stunde (bis hin zur Sendezeit) und vom Charisma des Indoktrinateurs ab.

(d) Das Verhalten der Menschen, auch ihr ökonomisches Verhalten, hängt von Lernprozessen ab. Realitätsnahe Konstrukte des Homo oeconomicus müssen deshalb einen Algorithmus enthalten (einen Satz von Computerregeln), der Lernen aufgrund von Erfahrung gewährleistet. Die Lernfähigkeit ist aber nicht unbegrenzt, sondern durch genetische Determinanten mehr oder minder begrenzt. Die Menschen sind nach Intelligenz, Lernkapazität und Motivation enorm verschieden.

3) Aufzeigen der biologischen Grenzen menschlichen Wirtschaftens

Sind dem quantitativen Wachstum des Menschen und seiner Wirtschaft biologische Grenzen gesetzt und wie eng sind gegebenenfalls diese Grenzen?
Der Mensch lebt, wie die übrigen 3 Mio. Arten auch, von jener Biomasse, die über die Photosynthese der grünen Pflanzen ständig entsteht. Die Frage ist, wie stark sich durch das Eingreifen des Menschen in die Vegetation der Erde die Biomasseproduktion bereits vermindert hat und wieviel der jährlich erzeugten Biomasse der heutige Mensch direkt oder indirekt für sich verbraucht.

Fallstudie: Die Inanspruchnahme der Nettoprimärproduktion durch den Menschen [17]

Die Rahmenbedingungen sind eindeutig: Die Oberfläche des Planeten ist begrenzt ($4\pi r^2$). Entsprechend begrenzt ist die photosynthetische Produktion an Biomasse. Diese Biomasse ist die einzige Nahrungsquelle für die irdische Biosphäre.
Die jährliche Nettoprimärproduktion (NPP) wird definiert als die solare Energie, die biologisch fixiert wird und in Form von Biomasse vorliegt, abzüglich der Atmung der pflanzlichen Primärproduzenten, die diese biologische Fixierung bewirken. NPP ist somit die Biomasse oder (umgerechnet) die Energie, die für alle Konsumenten und Destruenten einschließlich des Menschen übrigbleibt. Nach neueren Schätzungen kompetenter Ökologen werden bereits 40% der potentiellen Nettoprimärproduktion der Landflächen durch den Menschen direkt oder indirekt genutzt. Für alle übrigen Konsumenten bleiben 60%.

Hierzu die wichtigsten Zahlen:

Globale Biomasse (1987)	1250 Pg[+]
Aktuelle terrestrische Nettoprimärproduktion pro Jahr (NPP, ausgedrückt als Biomasse, organische Trockenmasse)	132 Pg[*]
Berechnete potentielle NPP der terrestrischen Ökosysteme	150 Pg[*]
Inanspruchnahme der aktuellen NPP durch den heutigen Menschen	58 Pg (= 40%)

[+] $1 \text{ Pg} = 10^{15} \text{ g} = 10^9 \text{ t}$

[*] Der Unterschied zwischen potentieller und aktueller NPP ist darauf zurückzuführen, daß infolge der Eingriffe des Menschen in die Vegetation die von Natur aus mögliche NPP bei weitem nicht mehr erreicht wird.

Da uns kein Verfahren bekannt ist, die globale Photosynthese und damit die NPP zu steigern, sind einem weiteren quantitativen Wachstum des Menschen enge Grenzen gesetzt, auch dann, wenn der Mensch die noch verbliebenen Arten, die Reste der ursprünglichen „Schöpfung", rücksichtslos weiter verdrängt und vernichtet. Die prekäre Lage, in die sich der Homo sapiens mit seinen fast 6 Milliarden hineinmanövriert hat, wird in der Regel verkannt, nicht nur von Ökonomen. Kürzlich schrieb der Philosoph Reinhard Löw [4]:

> Wären transzendentale Begründungen nicht obsolet, würde also der Mensch nicht nur in der evolutionsbiologischen Verwandtschaft mit der Natur, sondern in seiner Schöpfungsverwandtschaft mit ihr begriffen, dann ergäben sich die Rechte aller Geschöpfe und alles Geschöpften von selbst. Denn nicht als Despot stünde der Mensch der Schöpfung gegenüber, sondern er stünde in ihr an der Spitze der Lebenspyramide, eingebunden in göttliches Recht und angehalten, den Geschöpften das Ihrige zukommen zu lassen.

Wie will Reinhard Löw den Geschöpfen das Ihrige zukommen lassen, wenn er und seine Artgenossen heute bereits 40% der potentiellen Nettoprimärproduktion für sich abzweigen?

Plädoyer für Interdisziplinarität

Man sieht am Beispiel der begrenzten NPP, daß bei den wesentlichen Problemen unserer Zeit die fachspezifische Sicht der Dinge nicht genügt. Ein Ökonom oder Philosoph, dem die ökologischen Grundlagen des Lebens fremd geblieben sind, ist nicht davor geschützt, von Illusionen auszugehen. Der Biologe kann ökonomische und ethische Probleme zwar nicht lösen; er kann aber die unabweisbaren Rahmenbedingungen aufzeigen, innerhalb derer sich künftiges menschliches Wirtschaften auf diesem Planeten vollziehen muß. Interdisziplinarität, so scheint es, ist in der heutigen Zeit nicht nur ein Desiderat theoretischer Vernunft, sondern Bestandteil einer Überlebensstrategie.
Der theoretische Ökonom und Nobellaureat Kenneth Arrow hat zwar kürzlich [12] der Interdisziplinarität einen Dämpfer aufgesetzt: *„The occasional forays by natural scientists into economics have usually, but not always, been trivial"*, aber er gab am Schluß eines interdisziplinären Symposiums über das Arrow-Debreu-Model immerhin zu: *„It generated a lot of useful work to have a model to attack or to defend ... I hope to be able to develop a more realistic model."*

Literatur

1. Berg DE, Howe MM (1989) Mobile DNA. American Society for Microbiology, Washington, DC
2. Bratzler K (1984) Die Evolution des sittlichen Verhaltens. Duncker/Humblot, Berlin
3. Horan BL (1989) Functional explanations in sociobiology. Biol Phil 4: 131–158
4. Löw R (1985) Hat die Natur einen Rechtsanspruch an den Menschen? FAZ vom 30.10.1985, Nr 252, S 35
5. Maynard Smith J (1982) Evolution and the theory of games. Oxford University Press, Oxford
6. Mayr E (1982) The growth of biological thought. The Belknap Press of Harvard University Press, Cambridge/Mass.
7. Mohr H (1985) Biologische Grenzen des Menschen. Zeitwende 56:1–16
8. Mohr H (1985) Qualitatives Wachstum in Biologie und Ökonomie. Naturwiss Rundsch 38:267–274
9. Mohr H (1987) Qualitatives Wachstum als Überlebensstrategie. Wirtschaftspolit Mitt 43:1–18
10. Mohr H (1987) Natur und Moral. Wiss. Buchgesellschaft, Darmstadt, S 20
11. Mohr H, Schopfer P (1978) Lehrbuch der Pflanzenphysiologie. Springer, Berlin Heidelberg New York
12. Pool R (1989) Strange bed fellows. Science 245:700–703

13. Rechenberg I (1973) Evolutionsstrategie – Optimierung technischer Systeme nach Prinzipien der biologischen Evolution. Frommann-Holzberg, Stuttgart
14. Rechenberg I (1978) Evolutionsstrategien. Med Inform Stat 8:84–114
15. Stebbins GL, Ayala FJ (1985) The evolution of darwinism. Sci Am 253 (1): 54–64
16. Tagung des Arbeitskreises Evolutorische Ökonomik im Verein für Sozialpolitik, 6.–8. 7. 1989, Albert-Ludwigs-Universität Freiburg
17. Vitousek PM, Ehrlich PR, Ehrlich AH, Matson PA (1986) Human appropriation of the products of photosynthesis. Bioscience 36:368–373
18. Weigelt H, Glittenberg U (1988) Bioökonomie – ein interdisziplinäres Ausbildungs-, Forschungs- und Unternehmenskonzept. Biotech Forum 5: 273–275
19. Weizsäcker CF von (1980) Der Garten des Menschlichen. Fischer, Frankfurt, S 69

Einige Bemerkungen zum Verhältnis zwischen den sogenannten Geisteswissenschaften und den sogenannten Naturwissenschaften aus der Perspektive der Psychologie

W. Prinz

Meine Bemerkungen haben einen dreifachen Hintergrund:

1) den der Psychologie, d. h. eines Faches, in dem verschiedene Wissenschaftskulturen aufeinanderstoßen,
2) den einer nicht allzu großen Universität, in der die Kommunikations- und Kooperationsstrukturen zwischen den verschiedenen Fächern relativ gut überschaubar sind und
3) den einer mehrjährigen Tätigkeit am Zentrum für interdisziplinäre Forschung der Bielefelder Universität, einer Einrichtung also, die speziell der Förderung der Zusammenarbeit zwischen verschiedenen Disziplinen gewidmet ist.

Da die folgenden Bemerkungen in thesenähnlicher Form abgefaßt sind, fallen einige Formulierungen recht pointiert aus.

Entkopplung von Studium und Beruf

Das Hochschulsystem ist überwiegend disziplinär organisiert, während im Beschäftigungssystem, das die Absolventen des Hochschulsystems abnimmt, disziplinäre Grenzen eine vergleichsweise geringe Rolle spielen: Wissenschaften sind nach Disziplinen organisiert, Berufe dagegen kaum. Hinzu kommt, daß angesichts der ständigen Strukturveränderungen des Beschäftigungssystems die *Kopplung von Studium und Beruf* zunehmend lockerer wird. Auch trägt die gegenwärtige Arbeitslosigkeit von Akademikern im Bereich der Geistes- und Sozialwissenschaften dazu bei, daß das Studium eines Faches immer weniger als Vorbereitung auf einen bestimmten Beruf verstanden werden kann.

Daraus ergibt sich, daß zunehmend die nicht-fachspezifischen, allgemeinen Qualifikationen an Bedeutung gewinnen (und gewinnen werden), die im Studium vermittelt werden.[1]
Die Hochschulen wären deshalb gut beraten, stärker und ausdrücklicher als bisher die nicht-fachspezifischen Komponenten der Qualifikationen zu pflegen und weiterzuentwickeln, die ihre Studiengänge vermitteln. Ein Studium des Faches X sollte danach in erster Linie als *Erwerb allgemeiner intellektueller Qualifikationen* verstanden werden, der sich auf dem Gebiet X abspielt – und nicht primär als Akkumulation von Wissen über die Inhalte und Methoden von X.[2]

Drei Aspekte allgemeiner Qualifikationen

Die wichtigsten allgemeinen Qualifikationen, die das Studium vermittelt, sind nicht inhaltliche, sondern *methodische Qualifikationen*. Sie beziehen sich z. B. auf die Art und Weise, wie Fragestellungen entwickelt werden, methodische Vorgehensweisen geplant und modifiziert werden, wie Modelle oder Erklärungsansätze theoretisch bzw. empirisch bewertet werden; ferner auf die Kriterien für das Akzeptieren oder Verwerfen von Meinungen und Hypothesen – ebenso wie ggfs. auf die Schritte, die in der einen oder anderen Richtung Wissenschaft mit Praxis verbinden.
Eng verknüpft mit diesen Grundqualifikationen ist die Vermittlung von *Einstellungen und Leitwerten für wissenschaftliches Arbeiten*, d. h. für intellektuell diszipliniertes Denken und Handeln. Hierzu rechnen etwa die Bereitschaft zur Anerkennung der Regeln des wissenschaftlichen Diskurses oder zur Anerkennung des Zwangs zur Revision eigener

---

[1] Die offizielle Politik der Hochschulen hat sich diesen Gedanken noch kaum zu eigen gemacht. Zum einen werden immer wieder neue Studiengänge entwickelt, die (tatsächlich oder angeblich) auf bestimmte aktuelle Nischen im Beschäftigungssystem zugeschnitten sind. Zum anderen zeigt die Rhetorik in den Präambeln von Prüfungs- und Studienordnungen, daß die betreffenden Studiengänge auch oder sogar überwiegend als Vorbereitung auf berufliche Tätigkeit in einem bestimmten Feld verstanden werden. Daß schließlich ein großer Teil der Studierenden das Studium vorwiegend als Berufsausbildung auffaßt, kann auf diesem Hintergrund nicht verwundern.
[2] Diese Überlegung zielt nicht auf multidisziplinäre Studiengänge oder auf die Wiederbelebung des Studium generale. Derartige Studienkonzeptionen, die auf breite Orientierung angelegt sind, laufen, wenn sie nicht sorgfältig geplant sind, Gefahr, Breite auf Kosten von Tiefe und Reflektiertheit der Orientierung zu vermitteln.

Überzeugungen auf der Grundlage rationaler Argumente oder empirischer Evidenz. Auch gehört dazu die Gewohnheit, außerrationale Erklärungen und Theorien zurückzuweisen bzw. zurückzustellen, solange rationale Ansätze zur Verfügung stehen.
Eine dritte Komponente des allgemeinen Qualifikationsprozesses, den der Student im Studium durchläuft, ergibt sich aus der Sozialisation durch die Institution Hochschule und ihre Gliederungen. Sie betrifft *allgemeine Grundhaltungen* in politischen, moralischen und weltanschaulichen Fragen. Zum heimlichen Lehrplan der Hochschule gehört, daß ihre Absolventen sie als Mitglieder einer bestimmten gesellschaftlichen Gruppierung verlassen, die, indem sie diese Institution mit ihren Anforderungen und Selektionsmechanismen, aber auch ihren Leitfiguren und Leitideen durchlaufen, sich nolens volens bis zu einem gewissen Grad auch umfassendere Einstellungen und Leitwerte der Institution und der sie tragenden Personen zu eigen machen, die über den Rahmen der wissenschaftlichen Arbeit hinausgehen.

Die zwei Kulturen

Im Hinblick auf diese drei Komponenten der wissenschaftlich-akademischen Sozialisation muß zwischen zwei *akademischen Subkulturen* unterschieden werden: der Subkultur der Natur- und Ingenieurwissenschaften auf der einen und der Geistes- und Sozialwissenschaften auf der anderen Seite. Auch wenn die Lehre von den zwei Kulturen wissenschaftstheoretisch irreführend sein mag, ist die Existenz von zwei relativ disjunkten Subsystemen im heutigen Hochschulsystem der Bundesrepublik Deutschland reale Tatsache – bei Lehrenden und Lernenden.[3]
Die beiden Subkulturen unterscheiden sich vor allem in den Prinzipien und Leitwerten, die sie für sich als gültig ansehen. Die eine betreibt die Kultivierung von *Universalität und Eindeutigkeit,* die andere die von *Singularität und Komplexität.* Ferner unterscheiden sie sich nicht minder deutlich in den Sozialisationsbedingungen, die ihre Adepten an der

---

[3] Die These von den zwei akademischen Kulturen besagt, daß die o. g. allgemeinen Qualifikationen zwar allgemein (d. h. nicht-fachspezifisch) sind, aber dennoch nicht universell, d. h. nicht sämtliche Wissenschaften übergreifend. Zwag mag es (aus wissenschaftstheoretischer Perspektive) derartige Universalien geben, aber in der Wahrnehmung der beiden Kulturen sind sie kaum oder überhaupt nicht existent.

Hochschule vorfinden. In den naturwissenschaftlichen und technischen Disziplinen sind i. allg. die Studiengänge rigider und die Studienanforderungen höher als in den geistes- und sozialwissenschaftlichen Fächern. Ferner dominiert hier bei Lehrenden und Lernenden ein in vieler Hinsicht andersartiges intellektuelles und politisches Klima als dort – mit entsprechenden Folgen für die soziale Identitätsbildung der Studierenden und nicht zuletzt für die Ausbildung von wechselseitigen Ressentiments. Die beiden Kulturen stehen einander deshalb mit deutlichen Vorbehalten gegenüber.[4]

Der eine ist der *Wissenschaftlichkeitsvorbehalt*. Ihm zufolge mißbrauchen Wissenschaften, die Universalität nicht anstreben und Eindeutigkeit nicht erreichen, den Namen der Wissenschaft. Entweder tummeln sie sich auf Gebieten, die man mit wissenschaftlichen Mitteln nicht erschließen kann – oder sie betreiben auf diesen Gebieten falsche Wissenschaft. – Hintergrund dieses Vorbehalts ist die Überzeugung, daß man im Besitz der richtigen Methode ist und daß die wissenschaftliche Tauglichkeit von Gegenständen danach zu beurteilen ist, ob die Methode auf sie anwendbar ist.

Demgegenüber steht der *Beschränktheitsvorbehalt*. Ihm zufolge können Wissenschaften, die sich den Ideen der Universalität und Eindeutigkeit rigoros verschreiben, der Komplexität der Realität nicht gerecht werden. Ihre Vorgehensweise ist prinzipiell beschränkt und kann nur für künstlich begrenzte Ausschnitte der Wirklichkeit angemessen sein.

---

[4] Für die Psychologie, in der die beiden Kulturen aufeinanderstoßen, liegen empirische Untersuchungen vor, die diesen Kontrast in den Prinzipien und Leitwerten psychologiespezifisch elaborieren (vgl. z. B. G. A. Kimble: Psychology's two cultures. *American Psychologist, 39.* 1984, 833–839). Die Ergebnisse dieser Studien liefern keinen Hinweis darauf, daß der gemeinsame disziplinäre Kontext zur Annäherung der beiden Kulturen beiträgt. Eher gewinnt man den Eindruck, daß hier unter dem gemeinsamen Dach des Namens ‚Psychologie' zwei Wissenschaftsansätze versammelt sind, die sich nicht nur systematisch (in den Prinzipien und Leitwerten ihrer Arbeit), sondern auch historisch (in ihrer Herkunft aus natur- vs. kulturwissenschaftlichen Traditionen des 19. Jahrhunderts) unterscheiden. Was die Frage der erwarteten bzw. erwünschten zukünftigen Entwicklung betrifft, gibt es andererseits ein Lager von Unionisten, die auf jeden Fall die Einheit des Faches bewahren bzw. herstellen wollen und auf der anderen Seite ein Lager von Separatisten, die eine Spaltung für wünschenswert oder unvermeidlich halten. Wieweit diese beiden ‚Lager' mit den beiden ‚Kulturen' zusammenfallen, ist nicht immer eindeutig erkennbar (vgl. hierzu die durch Kimble ausgelöste Diskussion im *American Psychologist, 40,* 1985, 1413–1418 und die Beiträge von J. D. Matarazzo & J. T. Spence im *American Psychologist, 42,* 1987, 893–903 bzw. 1052–1054).

Zum Verständnis der komplexen und singulären Erscheinungen des Geistigen und Kulturellen haben sie nichts beizutragen. – Hintergrund dieses Vorbehalts ist die Überzeugung, daß man die richtigen und wichtigen Gegenstände hat und daß der wissenschaftliche Wert von Methoden nach ihrer Tauglichkeit zur Aufklärung dieser Gegenstände zu bewerten ist.

Was tun?

Aus wissenschaftlichen und außerwissenschaftlichen Gründen ist *größere Durchlässigkeit* zwischen den beiden Lagern wünschenswert. Zu den wissenschaftlichen Gründen gehört die Einsicht, daß die beiden Kulturen an einem gemeinsamen Vorrat von Prinzipien zur rationalen Erkenntnisgewinnung partizipieren. Zu den außerwissenschaftlichen Gründen rechnet die erwähnte Entkopplung von Hochschul- und Beschäftigungssystem. Allerdings kann der Weg zu diesem Ziel nicht darin bestehen, die vorhandenen Unterschiede zu leugnen, sondern nur darin, neben den Unterschieden auch die Gemeinsamkeiten herauszuarbeiten und anzuerkennen.

Hilfreich hierfür wären ein interdisziplinäres Projekt und ein fächerübergreifender Modellversuch. Dem *Projekt* sollte das Ziel zugrundegelegt werden, die Gemeinsamkeiten und Unterschiede, die zwischen den sog. Naturwissenschaften und den sog. Geistes- oder Kulturwissenschaften in der Logik des methodischen Vorgehens bestehen, explizit zu machen und sie in einer Sprache zu formulieren, die nicht nur für Wissenschaftstheoretiker verständlich ist, sondern auch für Angehörige der betroffenen Subkulturen selbst. Von einem solchen Projekt könnte der Abbau der einen oder anderen Voreingenommenheit zwischen den Lagern erwartet werden.

Der *Modellversuch* sollte die (abermalige) Wiederbelebung einer alten Idee zum Gegenstand haben: der Idee eines propädeutischen Grundstudiums, in dem jeder Student exemplarisch in jede wissenschaftliche und akademische Subkultur eingeführt wird. Ein solcher Modellversuch hätte nur Sinn, wenn er von methodologisch reflektiertem Lehrpersonal bestritten werden könnte, das in der Lage ist, Blockdenken abzubauen und durch sachliche Aufklärung zu ersetzen. Ein solches Propädeutikum könnte die Grundlage dafür schaffen, daß beide Lager die Grenzen ihrer eigenen und die Notwendigkeit der Ergänzung durch die jeweils andere Perspektive sehen könnten.

Fachübergreifende Ausbildungsinhalte von Natur- und Geisteswissenschaften aus der Sicht eines Historikers

D. Groh

Ich gehe von drei Prämissen aus:
1) Transdisziplinarität beginnt im eigenen Kopf und setzt sich – hoffentlich – in Institutionen fort.
2) Forschung ist primär ein Handlungszusammenhang und nicht primär ein Theoriezusammenhang.
3) Forschung tendiert oder sollte tendieren zur Problemorientierung anstelle der allzu lang beibehaltenen Fächerorientierung.

Die Formulierung von allen drei Punkten legitimiert mich, zuerst von meinen eigenen Forschungen zu reden.

Die regulative Idee von Transdisziplinarität wäre die „Einheit wissenschaftlicher Rationalität" (Mittelstraß) oder die „Einheit der Vernunft in der Vielheit ihrer Stimmen" (Habermas). Was nichts anderes heißt, als daß ich – wie Mittelstraß – ein unverbesserlicher Aufklärer bin, der zumindest die Möglichkeit vernünftigen Fortschritts als regulative Idee für vernunftgeleitetes Handeln überhaupt unterstellen muß.
Ich weiß nicht, inwieweit ich als Historiker Dieter Groh für meine Fachkollegen sprechen kann. Ich bin also nicht „der" Historiker, der über naturwissenschaftliche Elemente in seiner Wissenschaft nachdenkt, sondern *ein* Historiker mit besonderer Färbung, der darüber nachdenkt, was denn Naturwissenschaften und naturwissenschaftliches Denken für ihn, für seine speziellen Arbeitszusammenhänge bedeuten. Ich werde im folgenden einen weichen Begriff von Naturwissenschaften verwenden unter Einbeziehung der Mathematik, der Geschichte der Naturwissenschaften und der naturwissenschaftlichen Methodologie, wenn es denn so etwas überhaupt als Summenbegriff gibt.
Ich gehöre nicht zu den Mathematikflüchtlingen, die in der Regel die akademische Population in unseren geisteswissenschaftlichen Fächern

bis hinauf auf die Lehrstuhlebene stellen. In Karlsruhe aufgewachsen und in die Schule gegangen, schwankte ich lange, ob ich nach dem Abitur ein ingenieurwissenschaftliches Studium ergreifen oder mich geisteswissenschaftlichen Fächern zuwenden sollte. Schließlich gab die Wahl des Studienorts Heidelberg einen eher kontingenten Ausschlag zugunsten der Kombination, mit der ich dann promovierte: Geschichte, Philosophie, Slavistik. Innerhalb der Geschichte zog mich nach der Promotion und für meine Habilitation die Sozialgeschichte besonders an, weil sich in ihr damals stark systematisch ausgerichtete Historiker sammelten. Mein philosophisches Bein schrumpfte nicht etwa, sondern blieb erhalten in der Form von Interessen im Bereich von Theorie und Methodologie meines Faches sowie im Bereich von Wissenschaftstheorie und -Geschichte im allgemeinen. Es blieb nicht aus, daß die Forschungs- und Lehrinteressen im Bereich der Theorie sich auch auf andere Fächer ausdehnten und eine im eigentlichen Sinn wissenschaftstheoretische Färbung im allgemeinen annahmen. Wer über die Probleme nomothetischer Theoriebildung und ihre Reichweite für geschichtswissenschaftliche Fragestellungen nachdenkt, kann dies wohl kaum ernsthaft tun, ohne sich auch in naturwissenschaftlichen Fächern umzusehen und ohne sich darüber zu informieren, was denn Naturwissenschaftler tun, wie sie ihre Theorien bilden und welchen Status diese haben.

Neben diesen mehr theoretisch-methodisch orientierten Interessen traten bald schon solche inhaltlicher Art, die sich aus Forschungsproblemen ergaben. Damit komme ich zu Forschungsprojekten verschiedener Realisierungsgrade, die mich aktuell beschäftigen. Seit 1981 halte ich im In- und Ausland Lehrveranstaltungen ab über ökologische Krisen in der Vergangenheit, aus denen sich rasch ein Buchprojekt entwickelt hat. Chronologisch gesehen handelt es sich um Fallbeispiele vom Ende des Pleistocen bis ans Ende des Mittelalters. Die moderne Vor- oder Frühgeschichte – engl. archaeology – ist besonders in den Bereichen, die sich bis in die letzte Eiszeit erstrecken, ohne naturwissenschaftliche Methoden insbesondere aus Biologie, Chemie, Klimatologie gar nicht mehr zu denken. Eine Betrachtung der Pest im Kontext ökologischer Krisen muß z. B. nicht nur auf Medizingeschichte, sondern auch auf die darin eingelagerten Hypothesen und Analysen der modernen medizinischen Wissenschaft selber eingehen können. Hinzu kommt eine längere systematische Einleitung, in der Probleme der biologischen Ökologie und nicht nur der Humanökologie diskutiert werden. Bei der Untersuchung einzelner Krisen sowie von deren Entstehung und Verlauf können, soweit adäquate Daten vorhanden sind, mathematische Methoden angewendet werden, wie sie z. B. die Chaostheorie heute zur Verfügung stellt.

In einem weiteren Projekt habe ich ein Modell von Subsistenzökonomien ausgearbeitet. Das sind Ökonomien, in denen in erster Linie nach dem Safety-first-Prinzip und nicht nach dem Prinzip der Profitmaximierung verfahren wird, Ökonomien, wie sie bis an die Schwelle der Industriellen Revolution überall auf der Welt dominierend waren. Hier kann die Spieltheorie über Entscheidungsprozesse unter Unsicherheit analytisch Aufschluß geben, auf einer grundsätzlicheren Ebene aber auch über die evolutionären Chancen der beiden Alternativen: Risikominimierungsstrategien in Subsistenzökonomien, Profit- oder Produktionsmaximierungsstrategien in Ökonomien modernen Typs. Daß bei solchen Überlegungen auch das wissenschaftliche Rüstzeug der biologischen Ökologie und der Agrarökonomie gefragt ist, versteht sich von selbst.

Ein Nebenprodukt dieses Projekts, aber gleichwohl doch mit seinem Kern eng verbunden, bildet die Beschäftigung mit der Evolutionsbiologie, speziell aber mit denjenigen Theorien, die sich den Problemen des Altruismus oder der Kooperation und ihrer Rolle für die Evolution zuwenden und heute meist unter dem Schlagwort Soziobiologie diskutiert werden.

In einem weiteren Projekt untersuche ich zusammen mit Ruth Groh die Entstehung moderner ästhetischer Naturerfahrung seit der Renaissance und den ihr zugrundeliegenden Weltbildwandel. Da für diesen Prozeß die Herausbildung der modernen Naturwissenschaften, der New Science, und deren Vorbedingungen zentral ist, ist eine Beschäftigung mit der Geschichte der Naturwissenschaften notwendig. Der entscheidende Wandel des Weltbildes, soviel sei hier nur angedeutet, ging von „Naturwissenschaftlern" aus – ich setze diesen Term hier in Anführungszeichen –, deren Motivationen aus ganz anderen Bereichen, primär solchen theologisch-religiöser Art stammten.

Für Historiker, die sich mit der Entstehung der modernen Welt beschäftigen, so würde ich es als These formulieren, ist eine Beschäftigung mit naturwissenschaftlichem Denken unabdingbar. Ich möchte dies an einem kleinen Beispiel demonstrieren: Untersucht man die Entstehung der Rassentheorien und des Sozialdarwinismus im 19. Jahrhundert, so muß man zu allererst einmal verstehen, was die Darwinsche Theorie eigentlich ausmachte und intendierte. Um diese in Terms der modernen Wissenschaftsgeschichte und Wissenschaftstheorie sich anzueignen, sind Kenntnisse etwa aus dem Gebiet der Thermodynamik, hier speziell des 2. Hauptsatzes, und deren moderner Diskussion durch Haken u. a. unerläßlich. Ein anderes Beispiel mehr systematischer Art: Das Prinzip der Selbstorganisation, derzeit nicht nur in der Biologie diskutiert, scheint ein Prinzip zu sein, das neben den Natur- auch die Geisteswissenschaften betrifft – und nicht nur Sozialwissenschaften, wie etwa die Systemtheorie Luhmannscher Prägung und die Organisationssoziologie.

Für Geisteswissenschaftler, die nicht in die Diskursgemeinschaft einzelner Naturwissenschaften hinein professionalisiert und integriert worden sind, stellt sich besonders dringlich das Problem, wie überprüfe ich, ob ich das, was ich mir aus der naturwissenschaftlichen Literatur aneigne, auch richtig verstanden habe? Hier hilft nur ein Verfahren weiter, das man als Wissenschaftler auch sonst anwendet, nämlich die Diskussion mit Kollegen, diesmal mit Kollegen anderer Disziplinen, und der Austausch von Skripten. Freilich wird ein solcher Schritt dann erleichtert, wenn man sich die These von den zwei wissenschaftlichen Kulturen nie zu eigen gemacht und sein Neugierverhalten nie auf den eigenen Wissenschaftskanon beschränkt hat. Wenn man versucht hat zu verstehen, wie in anderen Disziplinen – ob nun innerhalb oder außerhalb der Naturwissenschaften – gedacht wird, wie dort Hypothesen und Theorien gebildet und validiert werden, fällt natürlich auch der Schritt leichter, miteinander zu diskutieren.

Was könnte eine transdisziplinär ausgerichtete Geschichtswissenschaft in eine Institution einbringen, die sich z. B. die Aufgabe stellt, die Folgen unserer wissenschaftlich-technisch-marktökonomisch ausgerichteten modernen Welt zu erkunden? Ich beginne mit einem Blick zurück. Was uns alle gegenwärtig derart beunruhigt, haben Hubert Markl und andere in den letzten Jahren mehrfach analysiert: Die Evolution hat mit der Erfahrung und Anwendung technischer Verfahren im weitesten Sinn durch unsere Gattung eine Wendung genommen, die zum Untergang zumindest unserer Gattung führen kann. Es gilt, diese spezifische Form der Evolution wieder in den Griff zu bekommen, wie es so schön heißt.

In der Evolution sind drei Stadien zu unterscheiden:

1) Die biologische Evolution, die man mit neodarwinistischen Kategorien erfassen kann.
2) Die humane Evolution, die dadurch gekennzeichnet ist, daß irgendwann in der Entwicklung unserer Gattung der Mensch als innovativer und beschleunigender Faktor der Evolution auftritt und diese in eine kulturelle transformiert. Metaphorisch könnte man von einem lamarckistischen Element i. S. der Vererbung oder besser: der Wei-

tergabe erworbener Eigenschaften sprechen. Denn die Aneignung kumulierter Erfahrung, die wir Tradition nennen, ist ein Element, das eine – im Vergleich zur natürlichen Evolution – enorme Ungleichzeitigkeit produziert. Eingriffe des Menschen in die Natur aufgrund von kurzfristig – im Vergleich mit der biologischen Evolution! – erworbenem Wissen stören zuerst das ökologische Gleichgewicht und dann aber auch die biologische Evolution schon aufgrund der mehr und mehr auseinanderdriftenden Zeitstrukturen von Natur und Kultur.

3) Die technologische Evolution wäre dann nicht nur eine Fortsetzung der natürlichen Evolution mit anderen Mitteln (Stephen Toulmin), sondern auch eine Potenzierung der eben skizzierten kulturellen Evolution: in ihrem Verlauf wird mittels Wissenschaft und Technik immer mehr Wissen und Know how kumuliert, mit dem wir zwar in Naturprozesse eingreifen, aber nicht adäquat die Folgen abschätzen und beherrschen können. Letzteres Defizit hängt wiederum mit der Vernetzung oder mit dem Systemcharakter, also mit dem Holismus nicht nur der modernen Wissenschaft (Pierre Duhem – W. v. O. Quine), sondern auch der modernen Welt zusammen. Über oder neben der Natur entsteht ein sekundäres System, das Natur gleichsam überlagert.

Spätestens an diesem Punkt wird die kulturelle Evolution, die in der technisch-wissenschaftlichen durch den Markt integrierten Welt ihre vorerst letzte Stufe erreicht hat, für die Gattung selbst, die sie produziert, überlebensgefährlich. In der Epoche, in der eine kulturelle Evolution traditionellen Zuschnitts herrschte und deren Ende mit dem der alteuropäischen Welt zusammenfällt, blieben die technisch-wissenschaftlichen Elemente und die ökonomischen Antriebe in Regeln der Lebensführung im normativen Bereich und in Regeln der Risikominimierung im ökonomischen Bereich eingebunden. Erst die Ausdifferenzierung von Subsystemen, hier der Ökonomie als moderner Marktökonomie, läßt die kulturelle Evolution, die sich nun in eine wissenschaftlich-technische transformiert, gattungsgeschichtlich zu einem überlebensbedrohlichen Moment werden. Oder anders ausgedrückt: der Holismus der wissenschaftlich-technischen Lebenswelt realisiert sich total erst durch Marktmechanismen.

Doch nun zurück in die Gegenwart und Zukunft: Einige wissenschaftliche Disziplinen besitzen sicher Instrumentarien, um die Folgen der modernen Technik abzuschätzen – so wie sie bereits vorliegen, sich für die nächste Zukunft ankündigen oder schon rational prognostizierbar sind. Womit könnte eine transdisziplinär ausgerichtete Historie einem solchen Unternehmen in spezifischer Weise nützlich sein? Bis zum Ende der alteuropäischen Welt war der Topos „Historia magistra vitae" allgemein anerkannt. Man eignete sich Wissen über Geschichte an, um das Leben, d. h. politische Entscheidungen, besser beherrschen zu können. Dieser Topos verlor angesichts des von vielen Autoren mit verschiedenen Begriffen diagnostizierten Wandels zur Moderne seinen Sinn. Diese Begriffe lauten etwa: Sattelzeit 1750–1850 (Reinhart Koselleck); okzidentaler Rationalisierungsprozeß (Max Weber); Entkoppelung von System und Lebenswelt (Jürgen Habermas); Great Transformation (Karl Polanyi); Ecological Transition (John W. Bennett). Wenn man für unsere Zwecke die moderne Welt charakterisiert durch zunehmende Einheit und zunehmende Komplexität, dann ist der für sie adäquate Topos die Logik des Mißlingens (Dietrich Dörner), in dessen Zeichen offenbar strategisches Denken in komplexen Situationen steht.

Nun haben es Historiker immer schon mit der Analyse komplexer Situationen zu tun, in denen strategisches Handeln verschiedener Individuen und Gruppen zusammenstößt und intentionales Handeln letztlich dazu führt, daß am Ende ein Resultat steht, das so niemand gewollt hat. „Die Tat ist unser, nicht das Ziel", heißt es schon bei Shakespeare. Mit anderen Worten: Die Logik des Mißlingens müßten gerade Historiker aufklären können. Ich sage „müßten", denn unter den Bedingungen der wissenschaftlich-technisch-marktökonomischen Welt genügt dazu unser traditionelles Werkzeug nicht mehr, wenn es je genügt hat. Denn schon zur Analyse der Logik des Mißlingens in traditionellen Gesellschaften gehört eine beträchtliche Dosis an sozialwissenschaftlichem Wissen.

Wenn wir heute Technikfolgen analysieren, geht es letztlich um *politische* Probleme und nicht um ökologische oder solche der Evolutionsgeschichte. Damit möchte ich vor einem falschen Naturalismus warnen. Gleichwohl können wir politische und gesellschaftliche Prozesse, die in technischen Systemen resultieren, wie z. B. Elektrifizierung, Automobilisierung, Kernenergie, nicht mehr zureichend analysieren und erklären, ohne naturwissenschaftliche Kenntnisse, die man sich als Historiker aneignen muß. Eine solche Aneignung würde natürlich in dazu speziell geschaffenen Institutionen wesentlich erleichtert.

Wenn schon solche Probleme, wie ich sie im wissenschaftsbiographischen Teil meiner Skizze erwähnt habe, nur transdisziplinär lösbar sind, d. h. hier auch in Zusammenarbeit mit naturwissenschaftlichen Disziplinen, dann gilt das um so mehr für die Probleme der modernen

Welt. Denn diese Probleme entziehen sich immer mehr dem einzeldisziplinären Zugriff, weil Holismus und Komplexität *politische* Probleme schaffen, die eben das traditionelle Politikverständnis der heute Handelnden genauso überschreiten wie sie das Verständnis politischer Entscheidungsfindung der traditionellen Historie übersteigen. Die Logik des Mißlingens sollte nicht das letzte Wort einer Humanwissenschaft sein, die die Probleme wissenschaftlicher Zusammenarbeit erkennt, die aus ungelösten Fragen der wissenschaftlich-technisch-ökonomischen Welt unserer Tage entstehen.

Immerhin ist es unseren Vorfahren teilweise gelungen etwas zu leisten, was wir erst versuchen müssen, unter Anspannung aller intellektuellen Kapazitäten und Kompetenzen zu leisten. Freilich gelang diese Anpassungsleistung nicht im Zeichen okzidentaler Rationalität, sondern im Zeichen einer jeweiligen „sozialen Logik", d. h. einer kontextadäquaten Rationalität. Der amerikanische Anthropologe Marshall Sahlins schreibt zu diesem Problem am Ende seines Buches „Kultur und praktische Vernunft" (1976) über die Leistungen der westlichen Zivilisation, die einerseits ein enormes kulturelles Wachstum erzeugt hätte, aber andererseits gefährlicher als jede bisherige Kultur wäre, weil sie „im Interesse dieses Wachstums nicht zögert, jede andere Form des Menschseins zu zerstören, die sich von uns dadurch unterscheidet, daß sie nicht nur andere Codes ihrer Existenz entdeckt hat, sondern auch Wege, ein Ziel zu erreichen, das wir noch immer nicht erreicht haben: die Herrschaft der Gesellschaft über die gesellschaftliche Beherrschung der Natur."

Literatur

Groh D (1987) Die verschwörungstheoretische Versuchung oder Why do bad things happen to good people? Merkur 41: 859–878

Groh D (1988) Strategien, Zeit und Ressourcen. Risikominimierung, Unterproduktivität und Mußepräferenz – die zentralen Kategorien von Subsistenzökonomien. In: Seifert EK (Hrsg) Ökonomie und Zeit. Hang & Herchen, Frankfurt, S 131–188 (umgearbeitete und erweiterte Fassung)

Groh D (zus. mit Groh R) (1989) Von den schrecklichen zu den erhabenen Bergen. Zur Entstehung ästhetischer Naturerfahrung. In: Weber H-D (Hrsg) Vom Wandel des neuzeitlichen Naturbegriffs. Universitätsverlag, Konstanz 1989, S 53–95

Groh D (zus. mit Groh R) (1990) Religiöse Wurzeln der ökologischen Krise. Naturteleologie und Geschichtsoptimismus in der frühen Neuzeit. Merkur 44 (im Druck)

Groh D (1992) Überleben oder Untergang? Ökologische Krisen in der Vergangenheit. Suhrkamp, Frankfurt

Fachübergreifende Ausbildungsinhalte von Natur- und Geisteswissenschaften aus industrieller Sicht

H. Gassert

Ausgangslage

Die Herausforderungen für unsere Industrie heute möchte ich mit folgenden Feststellungen skizzieren:

1) „Technologische Fortschritte spielen sich zunehmend nicht mehr im Kern der klassischen Disziplinen ab, sondern an den Nahtstellen" (Danielmeyer), d. h. im Zusammenwirken von klassischen Disziplinen. Mit dem Begriff „Transdisziplinarität" (Mittelstraß) ist m. E. dieser Vorgang gut beschrieben, da das Präfix trans eine Bewegung anzeigt, im Gegensatz zu inter, das mehr statischen Charakter hat.
2) Systeme als Produkt oder Produkte in Systemen gewinnen an Bedeutung; dieser rein technologischen Betrachtung ist anzufügen, daß die Wirkung solcher technischer Produkte und Systeme auf übergeordnete Systeme berücksichtigt werden muß. Als Stichworte für solche übergeordneten Systeme nenne ich die soziale Umwelt (Gesellschaft), die physische Umwelt, internationale Beziehungen. Zum methodischen Ansatz nenne ich Technikfolgenabschätzung, Technikbewertung, Öko-Bilanzen, prognostische Szenarien.
Zum Ausdruck kommt diese Notwendigkeit des „Folgenbedenkens" in der Tatsache, daß z. B. Emissionsfragen, Entsorgungsprobleme, Arbeitsgestaltung, Freizeitverhalten, Export- und Importströme bei der Konzeption technischer Systeme, Produkten und Prozessen eine zunehmende Rolle spielen. „Plötzlich" sind dabei Informatik und Biologie wichtig. Und eines der großen Probleme ist, daß unsere Notwendigkeit zu handeln weiter reicht als unsere Erkenntnisse.
3) Die modernen Kommunikationsmöglichkeiten – Informationsübertragung und Reisen – haben einen „Just-in-time"-Weltmarkt

geschaffen, bei dem scheinbar leicht, in Wirklichkeit aber eben nur sehr schwer, traditionsgeprägte, kulturelle und religiöse Grenzen überwunden werden können. Eine besondere Ausprägung finden diese Grenzen als Sprachbarrieren.

4) Das Spannungsfeld zwischen Ausdifferenzierung von etablierten Wissenschaftsgebieten und der Schaffung neuer Wissenschaftsgebiete nimmt zu. Mit anderen Worten: Die Anforderungen an die Industrie sind sehr dynamisch (auch die Industrie weiß nicht, was in 10 Jahren ist), wogegen sich Bildungssysteme nur sehr viel langsamer ändern können. Dieser Änderungsprozeß, der nicht hektisch jedem modischen Trend folgen darf, muß durch ein System kontinuierlicher Weiterbildung begleitet werden.

5) Für die Industrie werden die verschiedensten Arten innerbetrieblicher und außenorientierter Kooperationen immer häufiger notwendig. Innerbetrieblich sind dies Projektteams, Projektmanagement, flexible Organisationsstrukturen. Im Außenverhältnis sind dies Joint Ventures, Kooperationsvereinbarungen, Konsortien auf Zeit, Fusionen.

Folgerungen

Die Folgerungen aus industrieller Sicht, bezogen auf unser Thema, möchte ich wie folgt formulieren:
Die Industrie braucht nicht nur zahlenmäßig mehr Mitarbeiter, insbesondere Ingenieure und Betriebs- und Volkswirte, mit Hochschulbildung, sondern auch, bezogen auf den Mix, mehr Geistes- und Naturwissenschaftler. Abgesehen von einem soliden Stamm an Fachleuten benötigt sie mehr „gebildete" Absolventen, d.h. die Hochschule muß

– die Methodik vermitteln, neue Wissensgebiete zu erarbeiten,
– das Denken in Systemen verstärkt lehren,
– größere Zusammenhänge aufzeigen,
– die sprachliche Kommunikation in Wort und Schrift wieder fördern,
– das Interesse, eigentlich die Neugier, wecken, Fachübergreifendes zu lernen.

Bildung ist in meinem Verständnis nicht mehr so sehr das breite Allgemeinwissen, sondern mehr die allgemeine Fähigkeit, Zusammenhänge wissensbasiert zu verstehen. Gefragt ist also, bezogen auf die Hochschulausbildung, eine geistige und fachliche Mobilität der Studenten und der Professoren.

Dies klingt natürlich sehr ideal und ist auch keine ganz neue Forderung, aber die „klassische" Frage an die Industrie, welche Hochschulausbildung sie erwarte, habe ich in den vergangenen Jahren nie anders beantwortet.

Da die Forderung nach Studienzeitverkürzung mit diesen „Idealen" offenbar oder scheinbar nicht zu vereinbaren ist, noch eine Bemerkung zum Methodischen:

Die „Rucksack-Methode", und damit meine ich das Aufpacken von immer mehr Vorlesungen, kann keine Lösung des Problems sein. Vielmehr können nur fachübergreifende Inhalte bei der Vermittlung der Fachdisziplinen den vorher genannten Anforderungen gerecht werden. Dazu gibt es verschiedene Formen, nämlich gemeinsame Vorlesungen, Flexibilität in den Lehrgebieten durch neue Definitionen, analog zur Industrie „Projekt-Teams", Sonderforschungsbereiche.

Schlußbemerkung

Wahrscheinlich habe ich durch meine Forderungen gar nicht so sehr geschockt, wie man dies von Praktikern i. allg. erwartet. Man sollte aber bedenken: Was das Ausbildungssystem nicht leistet, muß die Industrie nachvollziehen. Je größer aber dieses Defizit ist, um so mehr schadet es der Attraktivität der Hochschulen. Und, obwohl es nicht direkt zum Thema gehört, so muß doch immer wieder darauf hingewiesen werden, daß die deutsche Gymnasialausbildung sich an den genannten Anforderungen an die Hochschulen wieder mehr orientieren muß.

Verzeichnis der Diskussionsteilnehmer und der Autorenadressen

Prof. Dr. Werner Arber
Biozentrum der Universität Basel, Abteilung Mikrobiologie,
Klingelbergstr. 70, CH-4056 Basel

Prof. Dr. Jürgen Audretsch
Fakultät für Physik, Universität Konstanz, Universitätsstr. 10, 7750 Konstanz

Prof. Dr. Joseph Becker
Präsident der Universität Augsburg, Universitätsstr. 2, 8900 Augsburg

Prof. Dr. Jochen Brüning
Lehrstuhl für Reine Mathematik II, Mathematisches Institut,
Universität Augsburg, Memminger Str. 6, 8900 Augsburg

Dr.-Ing. Herbert Gassert
Mitglied des Aufsichtsrats der Asea Brown Boveri AG, Kallstadter Str. 1,
6800 Mannheim 31

Prof. Dr. Dieter Groh
Philosophische Fakultät, Universität Konstanz, Universitätsstr. 10,
7750 Konstanz

Prof. Dr. Klaus Mainzer
Lehrstuhl für Philosophie und Wissenschaftstheorie, Institut für Philosophie,
Universität Augsburg, Universitätsstr. 10, 8900 Augsburg

Prof. Dr. Jürgen Mittelstraß
Philosophische Fakultät, Universität Konstanz, Universitätsstr. 10,
7750 Konstanz

Prof. Dr. Hans Mohr
Fakultät für Biologie, Universität Freiburg, Schänzelstr. 1, 7800 Freiburg

Prof. Dr. Ulrich Müller-Herold
Laboratorium für physikalische Chemie, ETH Zürich/Zentrum,
CH-8092 Zürich

Prof. Dr. Wolfgang Prinz
Abteilung für Psychologie, Universität Bielefeld, Postfach 8640,
4800 Bielefeld

Prof. Dr. Gisbert Frhr. zu Putlitz
Gottlieb Daimler- und Karl Benz-Stiftung und Physikalisches Institut
der Universität Heidelberg, Philosophenweg 12, 6900 Heidelberg

Prof. Dr. Christoph Rüchardt
Rektor der Universität Freiburg, Heinrich-von-Stephan-Str. 25, 7800 Freiburg

Dr.-Ing. Diethard Schade
Gottlieb Daimler- und Karl Benz-Stiftung und Forschungsinstitut Berlin,
Daimler-Benz AG, Daimlerstr. 123, 1000 Berlin 48

Prof. Dr. Wolfgang Wild
Generaldirektor, Deutsche Agentur für Raumfahrtangelegenheiten (DARA)
GmbH, Plittersdorfer Str. 92, 5300 Bonn 2

Zum Ladenburger Diskurs

Die Gottlieb Daimler- und Karl Benz-Stiftung wurde 1986 mit dem Ziel gegründet, Wissenschaft und Forschung zur Klärung der Wechselbeziehungen zwischen Mensch, Umwelt und Technik zu fördern. Um dieser Aufgabe gerecht zu werden, hat die Stiftung ein abgestuftes Verfahren wissenschaftlicher Diskussion institutionalisiert, in dem der „Ladenburger Diskurs" eine zentrale Stellung einnimmt. In diesem wissenschaftlichen Diskurs werden interdisziplinär Ansätze erarbeitet, die zur Einrichtung von besonders wichtigen, gesellschaftlich relevanten und bisher nicht ausreichend bearbeiteten oder komplementär zu anderen Untersuchungen anzugehenden Förderungsschwerpunkten liegen. In dieser Weise will die Stiftung längerfristige Förderungsschwerpunkte erarbeiten und die Konzentration ihrer Ressourcen auf besonders interessante Projekte bewirken.

In einem Diskurs „Grundsatzthemen" wurde ein breites Spektrum von Themen andiskutiert. Hieraus ergaben sich dann der Diskurs „Umweltstaat"[1] sowie Diskurse zum Thema „Fachübergreifende Inhalte in der Hochschulausbildung". Weitere Diskursthemen sind in Vorbereitung.

Mit dem „Ladenburger Diskurs" soll die Gesamtproblematik des technologischen und sozialen Wandels in einer modernen Industriegesellschaft als Resultat des Fortschritts einer kontinuierlichen Reflektion unterzogen werden. Dies beinhaltet den Einfluß von Sachverstand aus zahlreichen Wissenschaftsdisziplinen. Die Stiftung versteht sich hier als Initiator interdisziplinärer Arbeit, die von der Philosophie bis zu den Ingenieurwissenschaften, von Psychologie und Soziologie bis zur Physik und Chemie reicht.

---

[1] M. Kloepfer (Hrsg.), Umweltstaat. Springer, Berlin Heidelberg New York Tokyo 1989 (Ladenburger Diskurs).

Der „Ladenburger Diskurs" wird hauptverantwortlich von dem Konstanzer Philosophen Professor Jürgen Mittelstraß geleitet.
Die wissenschaftliche Vorbereitung und Leitung der Einzeldiskurse wechselt. Zusammen mit J. Mittelstraß wurde der Diskurs „Natur- und Geisteswissenschaften, Perspektiven und Erfahrungen mit fachübergreifenden Ausbildungsinhalten" von Klaus Mainzer, Professor für Philosophie an der Universität Augsburg, vorbereitet und betreut.
Es war der dritte Diskurs zum Rahmenthema „Fachübergreifende Studieninhalte". Die beiden anderen Diskurse behandelten „Nichttechnische Studienanteile in den Ingenieurwissenschaften" und „Technische Studienanteile in den Geistes- und Sozialwissenschaften". Deren Ergebnisse sind im Band „Wider die ‚Zwei Kulturen'" von W.C. Zimmerli (Hrsg.)[2] publiziert.

---

[2] W.C. Zimmerli (Hrsg.), Wider die „Zwei Kulturen". Fachübergreifende Inhalte in der Hochschulausbildung. Springer, Berlin Heidelberg New York Tokyo 1990 (Ladenburger Diskurs).

M. Kloepfer, Universität Trier (Hrsg.)

Umweltstaat

1989. VIII, 94 S. (Ladenburger Diskurs)
Brosch. DM 28,- ISBN 3-540-51291-8

Der Begriff „Umweltstaat" dient als Sammelbezeichnung für unterschiedliche Fragen, die sich ergeben können, wenn ein Gemeinwesen die Unversehrtheit der Umwelt zum Maßstab und Ziel seiner Entscheidungen macht. Insbesondere die politischen, wirtschaftlichen und rechtlichen Konsequenzen einer Identifikation des Staates mit den Zielen des Umweltschutzes werden in einem interdisziplinär angelegten Dialog beleuchtet.

W. C. Zimmerli, Universität Bamberg (Hrsg.)

Wider die „Zwei Kulturen"
Fachübergreifende Inhalte in der Hochschulbildung

1990. XI, 288 S. 23 Abb. 15 Tab. (Ladenburger Diskurs) Brosch. DM 38,- ISBN 3-540-52387-1

Den in diesem Band gesammelten Beiträgen geht es um konkrete Hinweise zur Überwindung der Kluft zwischen der naturwissenschaftlich-technischen und der geistig-sozialen Welt. Dabei wird an der universitären Ausbildung von Ingenieuren, Geistes- und Sozialwissenschaftlern angesetzt. Die theoretische Grundannahme, daß ein neues „technologisches" Zeitalter heraufziehe, wird anhand einer fundamentalen Änderung in den Ausbildungsstrukturen von Hochschulen im deutschsprachigen Raum sichtbar gemacht. Dieses Buch zeichnet sich dadurch aus, daß es nicht kurzatmige Hochschulreformpläne vorstellt, sondern auf Erfahrungen beruhende Orientierung bietet.

Springer-Verlag
Berlin Heidelberg
New York London Paris
Tokyo Hong Kong

MIX
Papier aus verantwortungsvollen Quellen
Paper from responsible sources
FSC® C105338

If you have any concerns about our products,
you can contact us on
ProductSafety@springernature.com

In case Publisher is established outside the EU,
the EU authorized representative is:
**Springer Nature Customer Service Center GmbH
Europaplatz 3, 69115 Heidelberg, Germany**

Printed by Libri Plureos GmbH
in Hamburg, Germany